人民交通出版社"十一五"
高职高专土建类专业规划教材

建筑材料实训指导书与习题集

主　编　安　娜　宋岩丽　王社欣
副主编　周仲景　范红岩

人民交通出版社
China Communications Press

图书在版编目（CIP）数据

建筑材料实训指导书与习题集/安娜等主编.--北京：人民交通出版社，2007.1

ISBN 978-7-114-06325-1

Ⅰ.建…　Ⅱ.安…　Ⅲ.建筑材料-检测-高等学校-教学参考资料　Ⅳ.TTU502

中国版本图书馆CIP数据核字（2006）第146700号

书　　名： 建筑材料实训指导书与习题集
著 作 者： 安　娜　宋岩丽　王社欣
责任编辑： 陈志敏　邵　江
出版发行： 人民交通出版社
地　　址： （100011）北京市朝阳区安定门外外馆斜街3号
网　　址： http://www.ccpress.com.cn
销售电话： （010）59757973
总 经 销： 人民交通出版社发行部
经　　销： 各地新华书店
印　　刷： 北京市密东印刷有限公司
开　　本： 720×960　1/16
印　　张： 15.5
字　　数： 264千
版　　次： 2007年6月　第1版
印　　次： 2015年1月　第6次印刷
书　　号： ISBN 978-7-114-06325-1
定　　价： 23.00元

高职高专土建类专业规划教材出版说明

近年来我国职业教育蓬勃发展，教育教学改革不断深化，国家对职业教育的重视达到前所未有的高度。为了贯彻落实《国务院关于大力发展职业教育的决定》的精神，提高我国土建领域的职业教育水平，培养出适应新时期职业需要的高素质人才，人民交通出版社深入调研，周密组织，在全国高职高专教育土建类专业教学指导委员会的热情鼓励和悉心指导下，发起并组织了全国四十余所院校一大批骨干教师，编写出版本系列教材。

本套教材以《高等职业教育土建类专业教育标准和培养方案》为纲，结合专业建设、课程建设和教育教学改革成果，在广泛调查和研讨的基础上进行规划和展开编写工作，重点突出企业参与和实践能力、职业技能的培养，推进教材立体化开发，鼓励教材创新，教材组委会、编审委员会、编写与审稿人员全力以赴，为打造特色鲜明的优质教材做出了不懈努力，希望以此能够推动高职土建类专业的教材建设。

本系列教材先期推出建筑工程技术、工程监理和工程造价三个土建类专业共计四十余种主辅教材，随后在2～3年内全面推出土建大类中七类方向的全部专业教材，最终出版一套体系完整、特色鲜明的优秀高职高专土建类专业教材。

本系列教材适用于高职高专院校、成人高校及二级职业技术学院、继续教育学院和民办高校的土建类各专业使用，也可作为相关从业人员的培训教材。

人民交通出版社

2007年1月

前言

QIANYAN

本教材是以高职院校建筑工程技术、工程监理专业教学指导委员会提供的培养方案为基本依据，以社会需求为导向，以培养实用为主、技能为本的应用型人才为出发点，根据目前建筑工程施工现场实际情况进行编写。

教材内容上注重学生职业技能的培养，教材在编写上体现出以下特色：

1. 实训内容紧密联系实际，模拟工程现场运行情况

教材使学生对实训内容有清晰的认识，了解试验报告在工地上的传递途径及用法，所有试验结果表格均采用工地上实际使用的符合国家标准的报表。

根据建筑工程技术专业、工程监理专业岗位所必备的知识和技能来界定教材内容。即突出材料的性能、技术要求、应用、检验方法、贮运保管等以适应施工员、预算员、试验员、质量员、监理员等岗位的实际需要。

2. 习题部分紧扣当前各种考试

习题集部分尽可能采用造价工程师执业资格考试、建造师执业资格考试、建筑师执业资格考试、试验员、质量员上岗考试历年题型及内容，并附有答案，今后参加各种与建材有关的考试都具有很高的参考价值。并附关于建筑材料方面的重点及难点，便于复习。

本书由湖北城建职业技术学院安娜，山西省建筑职业技术学院宋岩丽、江西省工业职业技术学院王社欣任主编，黑龙江建筑职业技术学院周仲景、山西省建筑职业技术学院范红岩任副主编。参编人员有湖北城建职业技术学院李兵，山西省建筑职业技术学院陈立东、梁冠华，北京京北职业技术学院谭平，江西省工业职业技术学院卜伟斐。

其中第一篇实训中本课程能力目标及第四章由安娜编写，第一章、第三章由宋岩丽编写，第二章由周仲景编写，第五章、第六章由李兵编写，第七章

由谭平编写，第八章由王社欣编写；第二篇习题集中第一章、第四章由范红岩编写，第二章、第三章由周仲景编写，第五章由陈立东编写，第六章、模拟题由安娜编写，第七章由谭平编写，第八章、第十章由王社欣编写，第九章由卜伟斐编写，第十一章由梁冠华编写。

由于本书力求推陈出新，而且编者能力有限，难免有很多不足之处，欢迎业界人士进行批评与指导。

编者

2007-3-23

目 录

MULU

第一篇 实 训

第二篇 习 题 集

第一篇　实　　训

第一章 建筑材料基本性质试验

【职业能力目标】

1. 使学生具备主要性质指标(如密度、体积密度、吸水率等)的测定、试验结果的评定能力;

2. 填写和审阅试验报告的能力。

【知识目标】

通过本章的学习,使学生更好地熟悉、验证、巩固所学的理论知识,增加对材料基本性质的感性认识。

【学习要求】

1. 掌握了材料性质的定义、计算公式;
2. 掌握和理解了试验内容;
3. 熟悉试验仪器、试验原理、试验步骤。

第一节 基本性质试验介绍

建筑材料基本性质试验主要是通过对固体材料密度、表观密度、堆积密度、吸水率检测方法的练习,掌握材料基本物理参数的获取方法,并利用所测得物理状态参数来计算材料的孔隙率及空隙等状态参数,从而推断其对材料其他性质的影响。

第二节　试验报告填写及结果处理

一 密度试验

(一)实验目的

(二)使用仪器和仪表的名称、型号和精度

(1)密度瓶:________________。

(2)天平:________________。

(3)量筒:________________。

(4)温度计、漏斗和小勺等。

(三)试验步骤

(1)在李氏瓶中注入__________液体,使液面达到突颈下部 0～1mL 刻度之间。

(2)将密度瓶置于盛水的玻璃容器中,使刻度部分完全进入水中,并用支架夹住以防密度瓶浮起或歪斜。容器中的水温应保持在20±2℃。经 30min,读出密度瓶内液体凹液面的刻度值__________ mL(精确至 0.1mL,以下同)。

(3)用天平称取__________ g 试样,用小勺和漏斗小心地将试样徐徐送入密度瓶中,要防止在密度瓶喉部发生堵塞,直至液面上升到 20mL 刻度左右为止。再称剩余的试样质量,计算出装入瓶内的试样质量__________ g。

(4)将密度瓶倾斜一定角度并沿瓶轴旋转,使试样粉末中的气泡逸出,再将密度瓶放入盛水的玻璃容器中(方法同上),经 30min,待瓶中液体温度与水温相同后,读出密度瓶内液体凹液面的刻度值__________ mL。

(四)结果计算与数据处理

$$\rho=\frac{m}{V} \tag{1-1}$$

(五)密度测定记录表

表 1-1

试样编号	试样质量 m (g)	李氏瓶中液体初始读数 V_1(cm^3)	加入试样后李氏瓶中液面读数(cm^3)	密度值	密度平均值 (kg/m^3)
1					
2					

二 体积密度试验

(一) 实验目的

(二) 使用仪器和仪表的名称、型号和精度

(1)游标卡尺：__________。

(2)天平：__________。

(3)液体静力天平、烘箱、干燥器等。

(三)试验步骤

1.形状规则材料(如砖、石块、砌块等)

(1)将欲测材料的试件放入 105±5℃的烘箱中烘干至恒质量，取出在干燥器内冷却至室温，称其质量__________ g。

(2)用游标卡尺量出试件的尺寸，并计算出自然状态下的体积 V_0(cm^3)。

2.形状不规则材料

(1)将试件加工成(或选择)长约 20～50mm 的试件 5～7 个，置于 105±5℃的烘箱内烘干至恒质量，并在干燥器内冷却至室温。

(2)取出 1 个试件，称出试件的质量__________ g 精确至 0.1g(以下同)。

(3)将试件置于熔融的石蜡中 1～2s 取出，使试件表面沾上一层蜡膜(膜厚不超过 1mm)。称出封蜡试件的质量__________ g。

(4)用液体静力天平称出封蜡试件在水中的质量__________ g 。

(四)结果计算与数据处理

1.形状规则材料

对于六面体试件，长、宽、高各方向上须测量三处，分别取其平均值 a、b、c，则

$$V_0 = a \times b \times c \tag{1-2}$$

2. 形状不规则材料

体积密度 ρ_0 按下式计算，精确至 $10kg/m^3$ 或 $0.01g/cm^3$：

$$\rho_0=\frac{m}{m_1-m_2-\dfrac{m_1-m}{\rho_{蜡}}} \tag{1-3}$$

式中：m——试件质量(g)；

m_1——封蜡试件的质量(g)；

m_2——封蜡试件在水中的质量(g)。

(五)体积密度测定记录表

1. 形状规则材料(如砖、石块、砌块等)测定记录表

表 1-2

试 件	试样质量 m	长 (a)	宽 (b)	高 (c)	体积	体积密度	平均值
1	m_1	$a_1=$	$b_1=$	$c_1=$	$V_0=abc$	$\rho_0=\frac{m}{V_0}$	
		$a_2=$	$b_2=$	$c_2=$			
		$a_3=$	$b_3=$	$c_3=$			
		$a_4=$	$b_4=$	$c_4=$			
		$a_5=$	$b_5=$	$c_5=$			
		$a_6=$	$b_5=$	$c_6=$			
		$a_{平均}=$	$b_{平均}=$	$c_{平均}=$			
2	m_2	$a_1=$	$b_1=$	$c_1=$	$V_0=abc$	$\rho_0=\frac{m}{V_0}$	
		$a_2=$	$b_2=$	$c_2=$			
		$a_3=$	$b_3=$	$c_3=$			
		$a_4=$	$b_4=$	$c_4=$			
		$a_5=$	$b_5=$	$c_5=$			
		$a_6=$	$b_5=$	$c_6=$			
		$a_{平均}=$	$b_{平均}=$	$c_{平均}=$			
3	m_3	$a_1=$	$b_1=$	$c_1=$	$V_0=abc$	$\rho_0=\frac{m}{V_0}$	
		$a_2=$	$b_2=$	$c_2=$			
		$a_3=$	$b_3=$	$c_3=$			
		$a_4=$	$b_4=$	$c_4=$			
		$a_5=$	$b_5=$	$c_5=$			
		$a_6=$	$b_5=$	$c_6=$			
		$a_{平均}=$	$b_{平均}=$	$c_{平均}=$			

2. 形状不规则材料测定记录表

表 1-3

试　件	试件质量 m	封蜡试件质量 m_1	封蜡试件质量在水中质量 m_2	体积密度 ρ_0	平　均　值
1					
2					
3					

三 堆积密度试验

(一)试验目的

(二)使用仪器和仪表的名称、型号和精度

(1)磅秤:________________。
(2)台秤:________________。
(3)容量筒:________________。
(4)垫棒:________________。
(5)直尺、小铲等。

(三)试验步骤

(1)称__________,将容量筒放置与于漏斗下用勺将砂装入漏斗中。
(2)打开漏斗活门,砂样徐徐流入容量筒中,至__________为止。
(3)用小木条在容量口上面的中心线向两个方向刮平。称__________。

(四)结果计算与数据处理

$$\rho'_0=\frac{m_2-m_1}{V}\times1000(\mathrm{kg/m^3}) \tag{1-4}$$

(五)堆积密度测定记录

表 1-4

试样编号	容量筒容积 V(L)	容量筒质量 m_1 (kg)	容量筒与试样总质量 m_2(kg)	堆积密度 ρ'_0 (kg/m³)	堆积密度平均值 (kg/m³)
1					
2					

四 吸水率试验

(一)试验目的

(二)使用仪器和仪表的名称、型号和精度

(1)天平:__________。

(2)水槽、烘箱、干燥器等。

(三)试验步骤

(1)将试件置于烘箱中,以不超过 110℃的温度将试件烘干至恒质量,再放入干燥器中冷却至室温,称其质量__________g。

(2)将试件放入水槽中,经 24h 后取出试件。

(3)取出试件后,用拧干的湿毛巾轻轻抹去试件表面的水分(不得来回擦拭)。称其质量__________。

(四)结果计算与数据处理

质量吸水率计算式如下:

$$W_{质}=\frac{m_1-m}{m}\times 100\% \tag{1-5}$$

体积吸水率计算式如下:

$$W_{体}=\frac{V_1}{V_0}\times 100\%=\frac{m_1-m}{m}\cdot\frac{\rho_0}{\rho_{H_2O}}\times 100\%=W_{质}\cdot\rho_0 \tag{1-6}$$

式中:m_1——材料吸水饱和时的质量(g);

m——材料干燥状态时的质量(g)。

(五)吸水率测定记录

表 1-5

试 件 编 号	试件干质量 m	试件浸水饱和后质量 m_1	质量吸水率	平均吸水率
1				
2				
3				

试 验 评 分 表

组号：

序号	作业项目	考 核 内 容	分数	评 分 标 准	扣分	得分	扣分原因
1	预习	试验目的	5	目的未填写 5 分			
		试验主要仪器	5	主要仪器未填写扣 3～5 分			
		试验步骤	5	操作未填写扣 5 分			
2	试验操作	操作水平	35	操作每错或少一步扣 5 分 读数不正确扣 5 分			
3	成果整理	测定数据	20	无数据扣 20 分			
		计算过程	10	无计算过程扣 10 分			
		结论与总结	10	无结论扣 10 分			
4	结束工作	整理现场	5	未打扫扣 5 分，不彻底扣 1～2分			
5	安全文明操作		5	有仪器损坏扣 3 分 有安全事故扣 5 分			
6	总分						

指导老师：

本 章 小 结

本章是建筑材料实训的第一部分。通过本章的学习使学生对建筑材料试验有个基本的认识。完成一项试验首先应该预习相关试验，了解试验目的、试验步骤、试验的关键和重点，了解试验所用仪器、设备的工作原理，正确的操作步骤，并对试验结果进行正确的计算和处理，试验完成后正确填写好试验报告。

本章主要涉及到材料密度、体积密度、堆积密度、吸水率等基本性质试验的试验方法、试验步骤、试验结果数据处理和试验报告的填写方法等内容。

练习题

1. 对于形状不规则的材料在测其体积密度时，为什么要进行蜡封处理？

2. 在进行密度试验时，试样的研碎程度对试验结果有何影响，为什么？

第二章 水泥

【职业能力目标】

1. 对建筑用水泥合格与否做出正确判定的能力；
2. 熟悉现行标准中水泥的主要技术要求。

【学习要求】

1. 独立完成水泥的细度、凝结时间、标准稠度用水量、安定性、抗压、抗折强度等的测定；
2. 每组完成水泥的试验，认真填写试验报告，完成试验后的思考题。

第一节 实训内容

一 水泥验收检验的基本内容

水泥是一种有效期短，质量极容易变化的材料，同时又是工程结构最重要的胶凝材料。水泥质量对建筑工程的安全有十分重要的意义。因此，对进入施工现场的水泥必须进行验收，以检测水泥是否合格，确定水泥是否能够用于工程中。水泥的验收包括包装标志和数量的验收、检查出厂合格证和试验报告、复试、仲裁检验等四个方面。

(一)包装标志和数量的验收

1. 包装标志的验收

水泥的包装方法有袋装和散装两种。散装水泥一般采用散装水泥输送车运输至施工现场，采用气动输送至散装水泥贮仓中贮存。散装水泥与袋装水泥相比，免去了包装，可减少纸或塑料的使用，符合绿色环保，且能节约包装费用，降低成本。散装水泥直接由水泥厂供货，质量容易保证。

袋装水泥采用多层纸袋或多层塑料编织袋进行包装。在水泥包装袋上应清楚地标明产品名称，代号，净含量，强度等级，生产许可证编号，生产者名称和地址，出厂编号，执行标准号，包装年、月、日等主要包装标志。掺火山灰质混合材料的普通硅酸盐水泥，必须在包装上标上“掺火山灰”字样。包装袋两侧应印有水泥名称和强度等级。硅酸盐水泥和普通硅酸盐水泥的印刷采用红色；矿渣硅酸盐水泥的印刷采用绿色；火山灰质硅酸盐水泥、粉煤灰硅酸盐水泥和复合硅酸盐水泥的印刷采用黑色。

散装水泥在供应时必须提交与袋装水泥标志相同内容的卡片。

2. 量的验收

袋装水泥每袋净含量为 50kg，且不得少于标志质量的 98%；随机抽取 20 袋总质量不得少于 1000kg。其他包装形式由供需双方协商确定，但有关袋装质量要求，必须符合上述原则规定。

(二)质量的验收

1. 检查出厂合格证和出厂检验报告

水泥出厂应有水泥生产厂家的出厂合格证，内容包括厂别、品种、出厂日期、出厂编号和试验报告。试验报告内容应包括相应水泥标准规定的各项技术要求及试验结果，助磨剂、工业副产品石膏、混合材料的名称和掺加量，属旋窑或立窑生产。水泥厂应在水泥发出之日起 7d 内寄发除 28d 强度以外的各项试验结果。28d 强度数值，应在水泥发出日起 32d 内补报。

水泥交货时的质量验收可抽取实物试样以其检验结果为依据，也可以水泥厂同编号水泥的试验报告为依据。采用何种方法验收由买卖双方商定，并在合同或协议中注明。

以水泥厂同编号水泥的试验报告为验收依据时，在发货前或交货时，买方在同编号水泥中抽取试样，双方共同签封后保存三个月；或委托卖方在同编号水泥中抽取试样，签封后保存三个月。在三个月内，买方对质量有疑问时，则买卖双方应将签封的试样送交有关监督检验机构进行仲裁检验。

以抽取实物试样的检验结果为验收依据时，买卖双方应在发货前或交货地共同取样和签封。取样方法按 GB 12573 进行，取样数量为 20kg，缩分为二等份。一份由卖方保存 40d，一份由买方按相应标准规定的项目和方法进行检验。

在40d以内，买方检验认为产品质量不符合相应标准要求，而卖方又有异议时，则双方应将卖方保存的另一份试样送交有关监督检验机构进行仲裁检验。

2. 复验

按照《混凝土结构工程施工质量验收规范》(GB 50204—2002)以及工程质量管理的有关规定，用于承重结构的水泥，用于使用部位有强度等级要求的混凝土用水泥，或水泥出厂超过三个月(快硬硅酸盐水泥为超过一个月)和进口水泥，在使用前必须进行复验，并提供试验报告。水泥的抽样复验应符合见证取样送检的有关规定。

水泥复验的项目，在水泥标准中作了规定，包括不溶物、氧化镁、三氧化硫、烧失量、细度、凝结时间、安定性、强度和碱含量等九个项目。水泥生产厂家在水泥出厂时已经提供了标准规定的有关技术要求的试验结果，通常复验项目只检测水泥的安定性、凝结时间和胶砂强度三个项目。

3. 仲裁检验

水泥出厂后三个月内，如购货单位对水泥质量提出疑问或施工过程中出现与水泥质量有关问题需要仲裁检验时，用水泥厂同一编号水泥的封存样进行。

若用户对体积安定性、初凝时间有疑问要求现场取样仲裁时，生产厂应在接到用户要求后，7d内会同用户共同取样，送水泥质量监督检验机构检验。生产厂在规定时间内不去现场，用户可单独取样送检，结果同等有效。仲裁检验由国家指定的省级以上水泥质量监督机构进行。

二 试验项目

表2-1

材料名称	试验项目	
	必试	选做
1. 硅酸盐水泥 2. 普通硅酸盐水泥 3. 矿渣硅酸盐水泥 4. 粉煤灰硅酸盐水泥 5. 火山灰质硅酸盐水泥 6. 复合硅酸盐水泥	安定性、凝结时间、强度	细度、烧失量、三氧化硫、碱含量
7. 砌筑水泥	安定性、凝结时间、强度、泌水性(砌筑工程)	细度、流动度
8. 高铝水泥	强度、凝结时间、细度	化学成分
9. 快硬硅酸盐水泥	强度、凝结时间、安定性	细度、氧化镁、三氧化硫

三 关于通用水泥质量等级的评定

根据标准《通用水泥质量等级》(JC/T 452—1997)规定，通用水泥按质量水平划分为优等品、一等品和合格品三个等级：

(一) 优等品

水泥产品标准必须达到国际先进水平，且水泥实物质量水平与国际同类产品相比达到近五年内的先进水平。

(二) 一等品

水泥产品标准必须达到国际一般水平，且水泥实物质量达到国外同类产品的一般水平。

(三) 合格品

按中国现行水泥产品标准(国家标准、行业标准或企业标准)组织生产，水泥实物质量水平必须达到相应产品标准的要求。

通用水泥实物质量在符合相应标准技术要求的基础上，进行实物质量水平的评等。实物质量水平根据 3d、28d 抗压强度和终凝时间进行分等，实物质量要求见表 2-2。

水 泥 质 量 等 级　　表 2-2

等级 / 品种 / 技术要求	优等品		一等品		合格品
	硅酸盐水泥，普通硅酸盐水泥，复合硅酸盐水泥	矿渣硅酸盐水泥，火山灰质硅酸盐水泥，粉煤灰硅酸盐水泥	硅酸盐水泥，普通硅酸盐水泥，复合硅酸盐水泥，复合硅酸盐水泥	矿渣硅酸盐水泥，火山灰质硅酸盐水泥，粉煤灰硅酸盐水泥	通用水泥的各品种
3d 抗压强度≥(MPa)	32.0	28.0	26.0	22.0	符合各品种通用水泥的技术要求
28d 抗压强度≥(MPa)	56.0	56.0	46.0	46.0	
≤	$1.1\overline{R}$	1.1	$1.1\overline{R}$	1.1	
终凝时间≤(h:min)	6:30	6:30	6:30	8:00	

注：$\overline{R}$为同品种同等级水平水泥 28d 抗压强度上月平均值。对于 62.5(含 62.5)以上水泥，28d 抗压强度$\leqslant 1.1\overline{R}$的要求不作规定。

第二节　取样方法及数量

(一)取样

(1)首先要掌握所购买的水泥的生产厂是否具有产品生产许可证。

(2)水泥委托检验样必须以每一个出厂水泥编号为一个取样单位,不得有两个以上的出厂编号混合取样。

(3)水泥试样必须在同一编号不同部位处等量采集,取样点至少在 20 点以上,经混合均匀后用防潮容器包装,重量不少于 12kg。

(4)委托单位必须逐项填写检验委托单,如水泥生产厂名、商标、水泥品种、强度等级、出厂编号或出厂日期、工程名称,全套物理检验项目等。用于装饰的水泥应进行安定性的检验。

(5)水泥出厂日期超过三个月应在使用前作复检。

(6)进口水泥一律按上述要求进行。

(二)取样单位及样品总量

施工现场取样,应以同一水泥厂、同品种、同标号、同期到达的同一编号水泥为一个取样单位。取样应有代表性,可连续取,亦可从 20 个以上不同部位取等量样品,总量至少 12kg。见表 2-3。

表 2-3

<table>
<tr><th>材料名称及相关标准、规范代号</th><th>组批原则及取样规定</th></tr>
<tr><td>1.硅酸盐水泥
2.普通硅酸盐水泥
3.矿渣硅酸盐水泥
4.粉煤灰硅酸盐水泥
5.火山灰质硅酸盐水泥
6.复合硅酸盐水泥
(GB 175—1999)
(GB 1344—1999)
(GB 12958—1999)</td><td rowspan="2">1.散装水泥:
1)对同一水泥厂生产的同期出厂的同品种、同强度等级、同一出厂编号的水泥为一验收批,但一验收批的总量不得超过 500t
2)随机地从不少于 3 个车罐中各采取等量水泥,经混拌均匀后,再从中称取不少于 12kg 的水泥作为试样
2.袋装水泥:
1)对同一水泥厂生产的同期出厂的同品种、同强度等级、同一出厂编号的水泥为一验收批,但验收的总量不得超过 200t
2)随机地从不少于 20 袋中各采取等量水泥,经混拌均匀后,再从中称取不少于 12kg 的水泥作为试样</td></tr>
<tr><td>7.砌筑水泥
(GB 3183—1997)</td></tr>
</table>

续上表

材料名称及相关标准、规范代号	组批原则及取样规定
8. 高铝水泥 (GB 201—2000)	1. 同一水泥厂、同一类型、同一编号的水泥，120t 为一取样单位，不足 120t 也按一取样单位计 2. 取样要有代表性，可从 20 袋中各采取等量水泥样品，总量至少 15kg 注：水泥取样后，超过 45 天使用时须重新取样试验
9. 快硬硅酸盐水泥 (GB 1999—1990)	1. 同一水泥厂、同一类型、同一编号的水泥，400 t为一取样单位，不足 400t 也按一取样单位计 2. 取样要有代表性，可从 20 袋中各采取等量水泥，总量至少 14g

(三)袋装水泥取样

采用取样管取样。随机选择 20 个以上不同的部位，将取样管插入水泥适当深度，用大拇指按住气孔，小心抽出取样管。将所取样品放入洁净、干燥、不易受污染的容器中。

(四)散装水泥取样

采用槽形管状取样器取样，当所取水泥深度不超过 2m 时，采用槽形管状取样器取样。通过转动取样器内管控制开关，在适当位置插入水泥一定深度，关闭后小心抽出。将所取样品放入洁净、干燥、不易受污染的容器中。

第三节 实训报告

试验日期：________年________月________日

试验室温度：________℃

一 细度试验

(一)试验目的

(二)使用仪器和仪表的名称、型号和精度

(1)试验筛:____________________。

(2)负压筛检仪器:____________________。

(3)水筛架和喷头。其中水筛架上筛座内径为:__________。

(4)天平。最大称量为__________,分度值不大于__________g。

(三)试验步骤

1.负压筛法

(1)筛析试验前,应把负压筛放在筛座上,盖上筛盖,接通电源,检查控制系统,调节负压至__________范围内。

(2)称量试样__________g,放于洁净的负压筛中,盖上筛盖,放在筛座上,开动筛检仪连续筛检__________。在此期间如有试样附着在筛盖上,可轻轻敲击,使试样落下。筛毕,用天平称量__________。

(3)当工作负压小于__________应清理吸尘器内水泥,使负压筛恢复正常。

2.水筛法

(1)筛检试验前,应检查水泥中有无泥、砂;调整好水压和水筛架的位置,使其能正常运转,喷头底面和筛网之间距离为__________mm。

(2)称取试样__________g,放于洁净的水筛中,立即用淡水冲洗至大部分细粉通过后,放在水筛架上,用水压为__________的喷头连续冲洗__________。筛毕,用少量水把筛余物冲至蒸发皿中,等水泥颗粒全部沉淀后,小心到出清水,烘干并用天平称量筛余物。

(四)结果计算与数据处理

1.负压筛法

2.水筛法

二 标稠用水量试验

(一)试验目的

(二)使用仪器和仪表的名称、型号和精度

(1)标准稠度和凝结时间测定仪:________________。

(2)水泥净浆搅拌机:________________。

(3)天平:________________。

(4)量筒:________________。

(三)试验步骤

(1)称取水泥试样________g,水________mL。用湿布将实验的用具抹湿,然后将是水泥到入拌料筒内。

(2)置拌料筒于搅拌机上,开动机器,同时徐徐加入试样和水慢速搅拌________s,停拌 s,接着快速搅拌________s,停机。

(3)搅拌完毕后________,以________________时的拌合水量为标准稠度用水量。如超过或不足________mm时,需另称式样,调整用水量重新实验,直到满足上述要求为止。

(四)结果计算与数据处理

三 凝结时间试验

(一)试验目的

(二)使用仪器和仪表的名称、型号和精度

与标准稠度测定时所用的仪器相同,但应将________换成________,一个标准养护箱。

(三)试验步骤

(1)称水泥 ____.____,以 __________ 用水量调成净浆(加水时要记录时间)一次将净浆装入圆模内,振动数次后刮平,放入养护箱内。

(2)指针应对准标尺__________。

(3)初凝时间的测定:维卡仪用初凝针。试件养护至加水后__________时进行第一次测定。测定时,从湿气养护箱中取出试模放到试针下,降低试针与水泥净浆表面接触。拧紧螺丝1～2s后,突然放松,试针垂直自由地沉入水泥净浆。观察试针停止下沉或释放试针 __________ 时指针的读数。当试针沉至 __________ 时,为水泥达到初凝状态;由水泥全部加入水中至初凝状态的时间为初凝时间,用“min”表示。

(4)终凝时间的测定:维卡仪用终凝针。在完成初凝时间测定后,立即将试模连同浆体以平移的方式从玻璃板取下,翻转180°,直径大端向上,小端向下放在玻璃板上,在放入湿气养护箱中继续养护,临近终凝时间每隔__________测定一次,当试针沉入试体 __________时,即环型附件开始不能在试体上留下痕迹时,为水泥达到终凝状态,由水泥全部加入水中至终凝状态的时间为初凝时间,用“min”表示。

(四)结果计算与数据处理

初凝时间:__________。

终凝时间:__________。

四 安定性试验

(一)试验目的

(二)使用仪器和仪表的名称、型号和精度

(1)雷氏夹测定仪:__________。

(2)架盘药物天平:__________。

(3)恒温恒湿标准养护箱:__________。

(4)雷氏夹及托板及机油若干。

(5)玻璃片、浅盘、料勺、刀、直尺、量筒100mL。

(三)试验步骤

(1)实验前的准备。

称取水泥试样 400g,用标准稠度需水量,按标准绸度测定时拌和净浆的方法制成水泥净浆,然后制作试样。

①饼法制作;

②雷氏法制作。

(2)量取________。

(3)养护________后,煮沸________,量取________。

(四)结果计算与数据处理

五 强度试验

(一)试验目的

(二)使用仪器和仪表的名称、型号和精度

(1)抗压试验机:________。

(2)压力试验机:________。

(3)电动抗折试验机:________。

(4)抗压夹具:________。

(5)硬毛刷。

(三)试验步骤

1.试件制备:称取________g 水泥,________g 标准砂,________L 水搅拌,养护________天。

2.抗折强度测定

3.抗压强度测定

(四)结果计算与数据处理

六 水泥检验报告

将试验数据填写在表 2-4 中。

表 2-4

<table>
<tr><td colspan="4" rowspan="3">水泥试验报告</td><td>编号</td><td></td></tr>
<tr><td>试验编号</td><td></td></tr>
<tr><td>委托编号</td><td></td></tr>
<tr><td>工程名称</td><td colspan="3"></td><td>试件编号</td><td></td></tr>
<tr><td>委托单位</td><td colspan="3"></td><td>试验委托人</td><td></td></tr>
<tr><td>品种及
强度等级</td><td></td><td>出场编号</td><td></td><td>厂别编号</td><td></td></tr>
<tr><td>代表数量</td><td></td><td>来样日期</td><td></td><td>试验日期</td><td></td></tr>
</table>

<table>
<tr><td rowspan="12">试验结果</td><td colspan="2">一、细度</td><td colspan="6">1. 80μ 方孔筛余量 %
2. 比表面积 m^2/gk</td></tr>
<tr><td colspan="2">二、标稠用水量(P)</td><td colspan="6"></td></tr>
<tr><td colspan="2">三、凝结时间</td><td>初凝</td><td>H min</td><td colspan="2">终凝</td><td colspan="2">H min</td></tr>
<tr><td colspan="2">四、安定性</td><td>雷氏法</td><td>mm</td><td colspan="2">饼法</td><td colspan="2">mm</td></tr>
<tr><td colspan="8">五、其他</td></tr>
<tr><td colspan="8">六、强度</td></tr>
<tr><td colspan="4">抗折强度(MPa)</td><td colspan="4">抗压强度(MPa)</td></tr>
<tr><td colspan="2">3d</td><td colspan="2">28d</td><td colspan="2">3d</td><td colspan="2">28d</td></tr>
<tr><td>单块值</td><td>平均值</td><td>单块值</td><td>平均值</td><td>单块值</td><td>平均值</td><td>单块值</td><td>平均值</td></tr>
<tr><td></td><td rowspan="3"></td><td rowspan="3"></td><td rowspan="3"></td><td></td><td rowspan="3"></td><td></td><td rowspan="3"></td></tr>
<tr><td></td><td></td><td></td></tr>
<tr><td></td><td></td><td></td></tr>
</table>

结论:

<table>
<tr><td>批准</td><td></td><td>审核</td><td>试验</td><td></td></tr>
<tr><td>试验单位</td><td colspan="4"></td></tr>
<tr><td></td><td colspan="4"></td></tr>
</table>

试 验 评 分 表

组号：

序号	作业项目	考 核 内 容	分数	评 分 标 准	扣分	得分	扣分原因
1	预习	试验目的	5	目的未填写5分			
		试验主要仪器	5	主要仪器未填写扣3～5分			
		试验步骤	5	操作未填写扣5分			
2	试验操作	操作水平	35	操作每错或少一步扣5分 读数不正确扣5分			
3	成果整理	测定数据	20	无数据扣20分			
		计算过程	10	无计算过程扣10分			
		结论与总结	10	无结论扣10分			
4	结束工作	整理现场	5	未打扫扣5分，不彻底扣1～2分			
5	安全文明操作		5	有仪器损坏扣3分 有安全事故扣5分			
6	总分						

指导老师：

本 章 小 结

通过本章的试验，应能掌握水泥细度、标准稠度、凝结时间、安定性及强度的检验方法，熟记相关的水泥国家标准及各项检验的控制指标或结果的判定方法，从而在实际的建筑工程施工过程中能够对水泥这种建筑材料的质量进行正确的鉴定。

小知识

水泥安定性测定为何引入雷氏法？在以前的国标中有关水泥安定性的检验只使用试饼法，其优点是检验方法快捷，对实验结果的判定一目了然，是一种定性分析的方法，这种方法的缺点是缺乏量的研究。而雷氏法正是针对试饼法的缺点而引入的，雷氏法对水泥安定性的检验有了定量的检测结果，为我国水泥标准检验方法与国际化接轨打下基础。

练 习 题

1.每位同学填好第二节所列表格后,对所测水泥可参考相关资料予以说明。

2.标准稠度用水量不是水泥技术指标,为什么在水泥性能试验中要求测其标准稠度用水量?

3.进行凝结时间测定时,制备好的试件没有放入标准养护箱中养护,而是在温度为35℃的室内,试分析其对试验结果的影响?

4.某工程所用水泥安定性经雷氏法检验合格,但构件仍然出现开裂,是否可能是水泥安定性不良引起的?

5.测定水泥胶砂强度时,为何不用普通砂,而用标准砂?

第三章 混凝土用骨料试验

【职业能力目标】

1. 对建筑用砂、石合格与否做出正确判定的能力；

2. 填写和审阅试验报告的能力。

熟悉现行标准《建筑用砂》(GB/T 14684—2001)及《建筑用碎石、卵石》(GB/T 14685—2001)中砂、石的主要技术要求。

【学习要求】

1. 独立完成混凝土用砂、石的主要技术指标的检测；

2. 每组完成混凝土用砂、石的试验，认真填写试验报告，完成试验后的思考题。

第一节 实训内容

一 砂、石验收检验的基本内容

(一)建筑用砂的检验

砂的检验分出厂检验与型式检验两类。

1. 出厂检验

(1)天然砂的出厂检验项目为：颗粒级配、细度模数、松散堆积密度、含泥量、泥块含量、云母含量。

(2)人工砂的出厂检验项目为：颗粒级配、细度模数、松散堆积密度、石粉含量（含亚甲蓝试验）、泥块含量、坚固性。

2. 型式检验

砂型式检验项目为：颗粒级配、细度模数、含泥量、石粉含量和泥块含量、有害物质含量及坚固性，碱集料反应根据需要进行。有下列情况之一时，应进行型式检验：新产品投产和老产品转产时；原料资源或生产工艺发生变化时；正常生产时，每年进行一次；国家质量监督机构要求检验时。

(二)建筑用石的检验

石的检验分出厂检验与型式检验两类。

1. 出厂检验

卵石和碎石的出厂检验项目为：颗粒级配、含泥量、泥块含量、针片状颗粒含量。

2. 型式检验

卵石和碎石的型式检验项目为：颗粒级配、含泥量、泥块含量、针片状颗粒含量、有害物质含量、坚固性、强度，碱集料反应根据需要进行。型式检验条件同砂。

二 试验项目与实训项目

(一)试验项目

试验项目具体内容详见主教材试验部分。

(二)实训项目

1. 砂的含泥量

1)试验目的：

主要用来测定天然砂中小于 75μm 的颗粒含量。

2)主要仪器：

鼓风烘箱：能使温度控制在(105±5)℃。

天平：称量 1000g，感量 0.1g。

方孔筛：孔径 75μm 及 1.18mm 的筛各一只。

3)试验方法：

称取500g干试样，将试样倒入淘洗容器中，注入清水，经过充分搅拌、浸泡后，用手在水中淘洗试样，使尘屑、淤泥和粘土与砂粒分离。经过两次清洗，充分洗掉小于75μm的颗粒，直到水目测清澈为止，将清洁的砂倒入搪瓷盘中，放入烘箱下烘干到恒重，等冷却后称出其质量，精确到0.1g。

4)结果计算：

含泥量按下式计算：

$$Q_a = \frac{G_0 - G_1}{G_0} \times 100 \tag{3-1}$$

式中：Q_a——含泥量，%；

G_0——试验前烘干试样的质量，g；

G_1——试验后烘干试样的质量，g。

2.砂中泥块含量

1)试验目的：

用来测定指砂中原粒径大于1.18mm，经水浸洗后小于600μm的颗粒含量。

2)主要仪器：

鼓风烘箱：能使温度控制在(105±5)℃。

天平：称量1000g，感量0.1g。

方孔筛：孔径600μm及1.18mm的筛各一只。

3)试验方法：

称取筛除小于1.18mm的颗粒200g。将试样倒入淘洗容器中，注入清水，经充分搅拌均匀、浸泡。然后用手在水中碾碎泥块，把试样放在600μm筛上，用水淘洗，直到容器内的水目测清澈为止。

4)结果计算：

含泥量按下式计算：

$$Q_b = \frac{G_0 - G_1}{G_0} \times 100 \tag{3-2}$$

式中：Q_b——泥块含量，%；

G_0——1.18mm筛筛余试样的质量，g；

G_1——试验后烘干试样的质量，g。

3.石子的压碎指标值

1)试验目的：

通过测定压碎部分石子占总量的百分数,用以判定石子的强度高低。

2)主要仪器:

压力试验机:量程 300kN,示值相对误差 2%。

台秤:称量 10kg,感量 10g。

天平:称量 1kg,感量 1g。

受压试模式;

方孔筛:孔径分别为 2.36mm、9.50mm 及 19.0mm 的筛各一只。

垫棒:ϕ10mm,L500mm 圆钢。

3)试验方法:

按规定取样,称取试样 3000g,精确至 1g。将试样分两层装入圆模(置于底盘上)内,每装完一层试样后,在底盘下面垫放一直径为 10mm 的圆钢,将筒按住,左右交替颠击地面各 25 次,两层颠实后,平整模内试样表面,盖上压头。

把装有试样的模式子置于压力机上,开动压力试验机,按 1kN/s 速度均匀加荷至 200kN,稳荷 5s,然后卸荷。取下加压头,倒出试样,用孔径 2.36mm 的筛筛除被压碎的细粒,称出留在筛上的试样质量,精确至 1g。

4)结果计算:

压碎指标值按下式计算,精确至 0.1%。

$$Q_e = \frac{G_1 - G_2}{G_1} \times 100 \tag{3-3}$$

式中:Q_e——压碎指标值,%;

G_1——试样的质量,g;

G_2——压碎试验后筛余的试样质量,g。

压碎指标值取三次试验结果的算术平均值,精确至 1%。

三 砂、石质量等级的评定与判定规则

(一)天然砂的质量等级

砂的质量等级　　表 3-1

项　目	指　标		
	I类	II类	III类
含泥量(按质量计),%	<1.0	<3.0	<5.0
泥块含量(按质量计),%		<1.0	<2.0

续上表

项目	指标		
	Ⅰ类	Ⅱ类	Ⅲ类
云母(按质量计),%,<	1.0	2.0	2.0
轻物质(按质量计),%,<	1.0	1.0	1.0
有机物(比色法)	合格	合格	合格
硫化物及硫酸盐(按 SO_3 质量计),%,<	0.5	0.5	0.5
氯化物(以氯离子质量计),%,<	0.01	0.02	0.06
坚固性(质量损失),%,<	8	8	10
单级最大压碎指标,%,<	20	25	30

(二)石子的质量等级

石子的质量等级　　表 3-2

项目		指标		
		Ⅰ类	Ⅱ类	Ⅲ类
含泥量(按质量计),%		<0.5	<1.0	<1.5
泥块含量(按质量计),%		0	<0.5	<0.7
有机物(比色法)		合格	合格	合格
针片状颗粒(按质量计),%,<		5	15	25
硫化物及硫酸盐(按 SO_3 质量计),%,<		0.5	1.0	1.0
坚固性(质量损失),%,<		5	8	12
强度	碎石压碎指标,%,<	10	20	30
	卵石压碎指标,%,<	12	16	16

(三)判定规则

检验(含复检)后,各项性能指标都符合本标准的相应类别时,可判为该产品合格。

技术要求中若有一项性能指标不符合本标准要求时,则应从同一批产品中加倍取样,对不符合标准要求的项目进行复检。复检后,该项指标符合本标准要求时,可判该类产品合格,仍然不符合本标准要求时,则该批产品判为不合格。

第二节 抽取试样方法

一 组批规则

砂、石试验均以同一产地、同一规格、同一进场时间，每 400m³ 或 600t 为一验收批(用大型工具运输的)，或以 200m³ 或 300t 为一验收批(用小型工具运输的)；不足上述数量者以一批论。

砂子每一验收批取 1 组，数量为 22kg。

石子每一验收批取 1 组，数量为 40kg(最大粒径≤20mm)或 80kg(最大粒径为 31.5mm、40mm)。

二 取样方法

(1)在料堆上取样时，取样部位应均匀分布。取样前先将取样部位表层铲除，然后从不同部位抽取大致等量的砂 8 份，组成一组样品；对于石子由各部位抽取大致 5 相等份(在料堆的顶部、中部和底部由均匀分布的五个不同部位取得)组成一组样品。

(2)从皮带运输机上取样时，应用接料器在皮带运输机尾的出料处定时抽取，砂 4 份为一组样品，石子 8 份为一组样品。

(3)从火车、汽车、货船上取样时，从不同部位和深度抽取大致相等的砂 8 份为一组样品，石子 8 份为一组样品。

(4)若检验不合格时，应重新取样。对不合格项，进行加倍复验。若仍有一个试样不能满足标准要求，应按不合格品处理。

(5)每组样品应妥善包装，避免细料散失及防止污染。并附样品卡片，标明样品的编号、名称、取样时间、产地、规格、样品量、要求检验的项目及取样方式等。

三 试样数量

单项试验的最少取样数量应符合表 3-3 的规定。做几项试验时，如确能保证试样经一项试验后不致影响另一项试验的结果时，可用同一试样进行几项不同的试验。

砂单项试验取样数量 表 3-3

序号	试验项目	最少取样数量(kg)	序号	试验项目		最少取样数量(kg)
1	颗粒级配	4.4	8	硫化物与硫酸盐含量		0.6
2	含泥量	4.4	9	氯化物与硫酸盐含量		4.4
3	石粉含量	6.0	10	坚固性	天然砂	8.0
4	泥块含量	20.0			人工砂	20.0
5	云母含量	0.6	11	表观密度		2.6
6	轻物质含量	3.2	12	堆积密度		5.0
7	有机物含量	2.0	13	碱集料反应		20.0

石子单项试验取样数量 表 3-4

序号	试验项目	不同最大粒径(mm)下的最少取样量							
		9.5	16.0	19.0	26.5	31.5	37.5	63.0	75.0
1	颗粒级配	9.5	16.0	19.0	25.0	31.5	37.5	63.0	80.0
2	含泥量	8.0	8.0	24.0	24.0	40.0	40.0	80.0	50.0
3	泥块含量	8.0	8.0	24.0	24.0	40.0	40.0	80.0	80.0
4	针片状颗粒含量	1.2	4.0	8.0	12.0	20.0	40.0	40.0	40.0
5	有机物含量	按试验要求的粒级和数量取样							
6	硫酸盐和硫化物含量								
7	坚固性								
8	岩石抗压强度	随机选取完整石块锯切或钻取成试验用样品							
9	压碎指标值	按试验要求的粒级和数量取样							
10	表观密度	8.0	8.0	8.0	8.0	12.0	16.0	24.0	24.0
11	堆积密度与空隙率	40.0	40.0	40.0	40.0	80.0	80.0	120.0	120.0
12	碱集料反应	20.0	20.0	20.0	20.0	20.0	20.0	20.0	20.0

四 试样处理

(1)用分料器法：将样品在潮湿状态下拌和均匀，然后通过分料器，取接料斗中的其中一份再次通过分料器。重复上述过程，直到把样品缩分到试验所需量为止。

(2)人工四分法：将所取样品置于平板上，在潮湿状态下拌和均匀，并堆成厚度约为 20mm 的圆饼，然后沿互相垂直的两条直径把圆饼分成大致相等的 4 份，取其中对角线的两份重新拌匀，再堆成圆饼。重复上述过程，直到把样品缩分到试验所需量为止。

(3)堆积密度及人工砂坚固性检验所用试样可不经缩分，在拌匀后直接进行试验。

第三节 实训报告

试验日期：____年____月____日　　　　班组：______姓名：______

试验室温度：______________℃　　　　砂的种类：______________

一 砂表观密度试验

(一)试验目的

(二)使用仪器和仪表的名称、型号和精度

(1)托盘天平：________________。

(2)容量瓶：________________。

(3)烘箱：________________。

(4)烧杯、500mL 浅盘、温度计、漏斗、滴管等。

(三)试验步骤

(1)称取已烘干试样________________。

(2)加水至__________，用抹布擦干瓶外水分，称__________。

(3)将容量瓶中的水倒去约一半后，加入__________，摇动容量瓶，使试样在水中充分搅动以排除气体。然后用滴管加水，使水面至__________，塞紧瓶塞，擦干瓶外水分，称__________。

(四)结果计算与数据处理

$$\rho_0 = \left(\frac{m_0}{m_0 + m_2 - m_1}\right) \times 1000(\text{kg/m}^3) \quad (3\text{-}4)$$

砂的表观密度测定记录　　表 3-5

试样编号	试样质量 m_0(g)	试样+水+容量瓶总质量 m_1(g)	水+容量瓶总质量 m_2(g)	表观密度 ρ_0(kg/m³)	表观密度平均值(kg/m³)
1					
2					

二 砂堆积密度试验

(一)试验目的

(二)使用仪器和仪表的名称、型号和精度

(1)鼓风烘箱：________。
(2)天平：________。
(3)容量筒：________。
(4)方孔筛：________。
(5)垫棒：________。

(三)试验步骤

(1)称量标准容器的质量________kg；

(2)将材料试样经过标准漏斗或标准斜面，徐徐地装入容器内，漏斗口或斜面底距容器口为________m，待容器顶上形成锥形，将多余的材料用钢尺沿容器口中心线向两个相反方向刮平（试验过程应防止触动容量筒），称得容器和材料总质量为________kg。

(四)结果计算与数据处理

$$\rho_0' = \frac{m_2 - m_1}{V} \times 1000(\text{kg/m}^3) \tag{3-5}$$

砂堆积密度测定记录　　表 3-6

试样编号	容量筒容积 V(L)	容量筒质量 m_1(kg)	容量筒与试样总质量 m_2(kg)	堆积密度 ρ_0'(kg/m³)	堆积密度平均值(kg/m³)
1					
2					

三 砂子空隙率计算

$$P'=\left(1-\frac{\rho_0'}{\rho_0}\right)\times 100\% \qquad (3\text{-}6)$$

四 砂子含水率测定记录(快速方法)

(一)试验目的

(二)使用仪器和仪表的名称、型号和精度

(1)烘箱:________________________。

(2)天平:________________________。

(3)浅盘、烧杯等。

(三)试验步骤

(1)向已知质量为 m_1(g)的干净炒盘中加入约 __________ g 试样,称取试样与炒盘的总质量 m_2(g)。

(2)置炒盘于电炉(或火炉)上,用小铲不断地翻拌试样,到试样表面全部干燥后,切断电源(或移出火外),再继续翻拌__________ min,稍予冷却(以免损坏天平)后,称量干燥试样与炒盘的总质量 m_3(g)。

(四)结果计算与数据处理

$$W_{含}=\frac{m_2-m_3}{m_3-m_1}\times 100\% \qquad (3\text{-}7)$$

砂含水率测定记录 表 3-7

试样编号	炒盘质量 m_1(g)	未烘干试样与炒盘质量 m_2(g)	烘干试样与炒盘质量 m_3(g)	烘干试样质量 (m_3-m_1)(g)	试样中水分质量 (m_2-m_3)(g)	砂子含水率 W(%)	平均含水率(%)
1							
2							

五 砂筛分析试验

(一)试验目的

(二)使用仪器和仪表的名称、型号和精度

(1)方孔筛:____________________。

(2)天平:____________________。

(3)鼓风烘箱:____________________。

(4)摇筛机:____________________。

(三)试验步骤

(1)称取试样__________g,精确至1g。将试样倒入按孔径大小从上到下组合的套筛(附筛底)上,然后进行筛分。

(2)将套筛置于摇筛机上,摇__________min后取下套筛,按筛孔大小顺序再逐个用手筛,筛至每分钟通过量小于试样总量的0.1%为止。通过的试样并入下一号筛中,并和下一号筛中的试样一起过筛,这样顺序进行,直至各号筛全部筛完为止。

(3)称出各号筛的筛余量,精确至1g。

(四)结果计算与数据处理

砂子的筛分析试验记录(干砂试样质量500g)　　表3-8

筛孔尺寸(mm)	分计筛余		累计筛余百分率 A_i(%)
	筛余量(g)	分计筛余百分率 a_i(%)	
4.75			
2.36			
1.18			
0.60			
0.30			
0.15			
0.15以下			

(1)计算砂的细度模数 M_X。按细度模数大小，评定砂的粗细程度。

$$M_X = \frac{(A_2 + A_3 + A_4 + A_5 + A_6) - 5A_1}{100 - A_1} \quad (3\text{-}8)$$

粗细程度：

(2)绘制砂的筛分曲线。

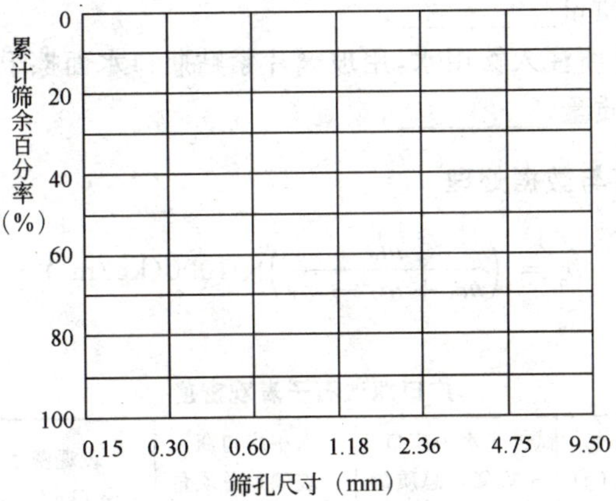

六 石子表观密度测定记录(广口瓶法)

(一)试验目的

(二)使用仪器和仪表的名称、型号和精度

(1)鼓风烘箱：能使温度控制在__________℃。

(2)天平：称量__________ kg，感量 1g。

(3)广口瓶：__________ L，磨口，带玻璃片。

(4)方孔筛：孔径为__________ mm 的筛一只。

(5)温度计、搪瓷盘、毛巾等。

(三)试验步骤

(1)按表 3-4 规定取样，并缩分，风干后筛除小于__________ mm 的颗粒，然后洗刷干净，分为大致相等的两份备用。

(2)将试样浸水饱和，然后装入广口瓶中。用玻璃片覆盖瓶口。以上下左右摇晃的方法排除气泡。

(3)向瓶中添加饮用水，直至水面凸出瓶口边缘。然后用玻璃片沿瓶口迅速滑行，使其紧贴瓶口水面。擦干瓶外水分后，称出试样、水瓶和玻璃总质量__________。

(4)将瓶中试样倒入浅盘，放在烘箱中于(105±5)℃下烘干至恒量，待冷却至室温后，称出其质量__________。

将瓶洗净并重新注入饮用水，用玻璃片紧贴瓶口水面擦干瓶外水分后，称出水、瓶和玻璃片总质量__________。

(四)结果计算与数据处理

$$\rho_0=\left(\frac{m_0}{m_0+m_2-m_1}\right)\times 1000(\mathrm{kg/m^3}) \qquad (3\text{-}9)$$

1. 广口瓶法

广口瓶法石子表观密度 表 3-9

试样编号	试样质量 m_0(g)	试样+水+广口瓶+玻璃片总质量 m_1(g)	水+广口瓶+玻璃片总质量 m_2(g)	表观密度 ρ_0(kg/m³)	表观密度平均值(kg/m³)
1					
2					

2. 简易法

简易法石子表观密度 表 3-10

试样编号	试样质量 m_0(g)	量筒中水的体积 V_1(mL)	量筒中石子与水的总体积 V_2(mL)	表观密度 ρ_0(kg/m³)	表观密度平均值(kg/m³)
1					
2					

注：$\rho_0=\left(\frac{m_0}{V_2-V_1}\right)\times 1000(\mathrm{kg/m^3})$

七 石子堆积密度试验

(一)试验目的

(二)使用仪器和仪表的名称、型号和精度

(1)磅秤：________________。

(2)台秤：________________。
(3)容量筒：______________。
(4)垫棒：________________。
(5)直尺、小铲等。

(三)试验步骤

(1)称取试样__________，用小铲试样从容量筒口中心上方50mm处徐徐倒入，让试样以自由落体落下。

(2)当容量筒上部试样呈锥体，且容量筒四周溢满时，即停止加料，除去凸出容量口表面的颗粒，并以合适的颗粒填入凹陷部分，使表面稍凸起部分和凹陷部分的体积大致相等(试验过程应防止触动容量筒)，称出试样和容量筒总质量__________。

(四)结果计算与数据处理

$$\rho_0' = \frac{m_2 - m_1}{V} \times 1000(\mathrm{kg/m^3}) \quad (3\text{-}10)$$

石堆积密度测定记录 表3-11

试样编号	容量筒容积 V(L)	容量筒质量 m_1(kg)	容量筒与试样总质量 m_2(kg)	堆积密度 ($\mathrm{kg/m^3}$)	堆积密度平均值 ($\mathrm{kg/m^3}$)
1					
2					

八 石子空隙率的计算

$$P' = \left(1 - \frac{\rho_0'}{\rho_0}\right) \times 100\% \quad (3\text{-}11)$$

九 石子含水率试验

(一)试验目的

(二)使用仪器和仪表的名称、型号和精度

(1)天平：________________。
(2)烘箱、浅盘等。

(三)试验步骤

(1)按规定方法取样,并将试样缩分至约________kg,拌匀后分为大致相等的两份备用。

(2)称取一份试样的质量________g,放在烘箱中于105±5℃下烘干至恒质量,待冷却至室温后,称出其质量________g。

(四)结果计算与数据处理

$$W_{含} = \frac{m_2 - m_3}{m_3 - m_1} \times 100\% \qquad (3\text{-}12)$$

石子含水率的测定记录(快速方法) 表3-12

试样编号	盘质量 m_1(g)	试样与盘质量 m_2(g)	烘干试样与盘质量 m_3(g)	烘干试样质量 (m_3-m_1)(g)	试样中水分质量 (m_2-m_3)(g)	含水率 W(%)	平均含水率(%)
1							
2							

十 石子筛分析试验

(一)试验目的

(二)使用仪器和仪表的名称、型号和精度

(1)方孔筛:________________。

(2)台秤:________________。

(3)鼓风烘箱:________________。

(4)摇筛机、搪瓷盘、毛刷等。

(三)试验步骤

(1)称取规定数量的试样________g。将试样倒入按孔径大小从上到下组合的套筛(附筛底)上,然后进行筛分。

(2)将套筛置于摇筛机上,摇________min;取下套筛,按筛孔大小顺序逐个用手筛,筛至每分钟通过量小于试样总量的0.1%为止。通过的颗粒并入下一号筛中，并和下一号筛中的试样一起过筛，这样顺序进行，直至各号筛全部筛完为止。当筛余颗粒的粒径大于 19.0mm 时，在筛分过程中，允许用手指拨动颗粒。

(3)称出各号筛的筛余量，精确至 1g。

(四)结果计算与数据处理

分计筛余百分数按下式计算：

$$a_i = \frac{m_i}{M} \times 100\% \qquad (3\text{-}13)$$

式中：a_i——第 i 号筛的分计筛余百分数；

m_i——第 i 号筛上筛余物；

M——试样总量。

累计筛余百分数等于该号筛的分计筛余百分数及比该号筛大的所有筛的分计筛余百分数之和。

石子筛分析试验记录 表 3-13

试样质量________g

筛孔尺寸(mm)		90	75.0	63.0	53.0	37.5	31.5	26.5	19.0	16.0	9.50	4.75	2.36
分计筛余	g												
	%												
累计筛余(%)													
标准颗粒级配范围累计筛余(%)													
结果评定	最大粒径(mm)												
	级配情况												

十一 砂子试验报告

砂子试验报告是对用于工程中的砂子筛分以及含泥量、泥块含量等指标进行复试后由试验单位出具的质量证明文件。石子试验报告是对用于工程中的石子筛分以及含泥量、泥块含量和针、片状颗粒含量、碎石压碎等指标进行复试后由试验单位出具的质量证明文件。将上述结果总结填入表 3-14，表 3-15。

砂 试 验 报 告 表 3-14

砂试验报告				编号	
				试验编号	
				委托编号	
工程名称				试件编号	
委托单位				试验委托人	
种类				产地	
代表数量		来样日期		试验日期	

试验结果	一、筛分析	1. 细度模数	
		2. 级配区域	区
	二、含泥量	%	
	三、泥块含量	%	
	四、表观密度	kg/m^3	
	五、堆积密度	kg/m^3	
	六、碱活性指标		
	七、其他		

结论：

批准			试验	

碎(卵)石试验报告 表 3-15

碎(卵)石试验报告				编号	
				试验编号	
				委托编号	
工程名称				试件编号	
委托单位				试验委托人	
种类、产地				公称粒径	mm
代表数量		来样日期		试验日期	

续上表

碎(卵)石试验报告			编号	
			试验编号	
			委托编号	
试验结果	一、筛分析	级配情况		□连续粒级□单粒级
		级配结果		
		最大粒级		mm
	二、含泥量	%		
	三、泥块含量	%		
	四、针片状颗粒含量	%		
	五、压碎指标	%		
	六、表观密度	kg/m^3		
	七、堆积密度	kg/m^3		
	八、碱活性指标			
	九、其他			

结论：

批准		审核		试验	
试验单位					
报告日期					

组号：

试验评分表

序号	作业项目	考核内容	分数	评分标准	扣分	得分	扣分原因
1	预习	试验目的	5	目的未填写 5 分			
		试验主要仪器	5	主要仪器未填写扣 3～5 分			
		试验步骤	5	操作未填写扣 5 分			
2	试验操作	操作水平	35	操作每错或少一步扣 5 分 读数不正确扣 5 分			
3	成果整理	测定数据	20	无数据扣 20 分			
		计算过程	10	无计算过程扣 10 分			
		结论与总结	10	无结论扣 10 分			

续上表

序号	作业项目	考核内容	分数	评分标准	扣分	得分	扣分原因
4	结束工作	整理现场	5	未打扫扣5分,不彻底扣1～2分			
5	安全文明操作		5	有仪器损坏扣3分 有安全事故扣5分			
6	总分						

本章小结

本章主要介绍了混凝土用砂、石进入施工现场后检验的方法和内容。包括取样方法、试样的数量、试验项目、试验方法及砂、石质量等级的评定。通过本章节的学习使学生熟悉进入施工现场的砂、石,如何对其进行合格与否判定,初步具备材料员和试验员在本章节应具备的能力。

小知识

我国大规模经济建设的飞速发展,使沿海地区陆续出现河砂短缺现象。我国沿海地区,偷挖、滥用海砂现象由来已久。1999年国土资源部发表了《关于加强海砂开采管理的通知》,在保护海洋环境的前提下,允许有序地开发海砂资源,以解决建筑用砂问题。这本是“变废为宝”的好事,然而,不合理地使用海砂,却会带来麻烦乃至灾难。这是因为海砂中含盐,能够腐蚀钢筋,破坏混凝土结构。如使用不合格海砂,建筑物就会产生结构破坏,甚至垮塌(一般可在1～15年内暴露出来)。一旦遭遇地震,这样的建筑物可能率先倒塌。所谓“海砂屋”就是指使用不合格海砂建造的建筑物,是属于质量低劣的建筑。

海砂作为建筑用砂存在两面性。一方面用海砂取代或部分取代河砂,可以缓解河砂缺乏现象,“变废为宝”,是利国利民的。另一方面海砂中含盐,对钢筋混凝土有破坏作用。以往主张使用河砂,一般不推荐使用海砂,海砂含盐浴腐蚀性是主要原因。如果必须使用海砂时,首先要严格进行“除盐处理”,使其达到合格后才能使用。国内学者早就呼吁正确认识和合理使用海砂的问题,必须引起有关方面注意。

练习题

1. 进行砂筛分时，试样准确称量 500g，但各筛的分计筛余量之和可能大于或小于 500g，在什么情况下结果是可以接受的？

2. 砂、石的空隙率小是不是就是质量好？

3. 为什么要进行砂石的级配试验？若用级配不符合要求的砂、石子配制混凝土时有何缺点？

4. 如果石子的级配不合格应该如何处理？

第四章 普通混凝土试验

【职业能力目标】

1.使学生掌握普通混凝土拌合物试验、普通混凝土立方体抗压强度试验的操作方法；

2.作出合格与否的结论。

【学习要求】

1.掌握混凝土配合比实训的过程；

2.掌握混凝土现场质量控制的主要内容与方法；

3.了解混凝土非破损检测试验、早期推定混凝土强度试验方法。

项目一　混凝土配合比

第一节　实 训 内 容

混凝土配合比设计步骤为：

一、按照已选择的原材料性能及对混凝土的技术要求进行初步计算，得出“初步计算配合比”($m_{c0}:m_{s0}:m_{g0}:m_{w0}$)。

二、经过实验室试拌调整和易性，得出“基准配合比”($m_{c1}:m_{s1}:m_{g1}:m_{w1}$)。

三、经过强度检验，定出满足设计和施工要求并比较经济的“设计配合比”

（也称试验室配合比 $m_{c2}:m_{s2}:m_{g2}:m_{w2}$）。

四、根据现场砂、石的实际含水率对试验室配合比进行调整，求出“施工配合比”（$m_{c3}:m_{s3}:m_{g3}:m_{w3}$）。

第二节　取样方法及数量

（1）委托单位必须将原材料与混凝土配合比申请单一起送试。

（2）数量：申请少于三个等级送水泥 50kg，砂 80kg，石子 150kg；每增加一个强度等级，水泥增加 15kg，砂子 20kg，石子 30kg。

第三节　实 训 报 告

一　混凝土配合比设计

（一）混凝土配合比申请单

现场搅拌混凝土前，施工单位应提出配合比申请单，将对混凝土的要求填入表 4-1。

混凝土配合比申请　　表 4-1

混凝土配合比申请			编号		
			委托编号		
工程名称及部位					
委托单位			试验委托人		
设计强度等级			要求坍落度、扩展度		
其他技术要求					
搅拌方法		浇捣方法		养护方法	
水泥品种及强度等级		厂别牌号		试验编号	
砂子产地及品种				试验编号	

续上表

混凝土配合比申请				编号	
				委托编号	
石子产地及品种		最大粒径		试验编号	
外加剂名称				试验编号	
掺合料名称				试验编号	
申请日期		使用日期		联系电话	

(二)初步配合比的计算

1.确定混凝土配制强度($f_{cu,0}$)

(1)查表取 $\sigma=5\text{MPa}$

(2)$f_{cu,0}=f_{cu,k}+1.645\sigma$

2.计算水灰比

(1)由于采用碎石,查表______,$\alpha_1=$________,$\alpha_2=$________。

(2)$\dfrac{W}{C}=\dfrac{\alpha_1 f_{ce}}{f_{cu,0}+\alpha_1\alpha_2 f_{ce}}=$________。

耐久性复核:最大水灰比为________,水灰比为________,________耐久性要求。

3.确定单位用水量

查表________,取 $m_{w0}=$________。

4.计算水泥用量

$m_{c0}=\dfrac{m_{w0}}{w/c}=$________。

耐久性复核:最小水泥用量为______,________耐久性要求。

5.确定砂率

查表______,取 $S_p=$______。

6.计算砂、石用量

(1)质量法:假定混凝土表观密度为____________ kg/m^3,则有

解方程组得 $m_{g0}=$______ kg,$m_{s0}=$________ kg。

所以该混凝土初步配合比为:

$$m_{c0}:m_{s0}:m_{g0}:m_{w0}=$$

(2)体积法:在不使用引气型外加剂时,a 可取为 1,则有

解方程组得 $m_{g0}=$________ kg，$m_{s0}=$________ kg。

所以该混凝土初步配合比为：

$$m_{c0}:m_{s0}:m_{g0}:m_{w0}=$$

这两种计算结果相近，可选用其中一种来进行试配、调整。

（三）混凝土的试配材料用量

按初步计算配合比试拌混凝土________ L，其材料用量为：

水泥：________________________，

水：________________________，

砂：________________________，

石子：________________________。

二 混凝土坍落度较核

（一）试验目的

（二）使用仪器和仪表的名称、型号和精度

（三）试验步骤

（1）湿润坍落度筒及其他用具，并把筒放在刚性不吸水的水平底板上，然后用脚踩住两个脚踏板，使坍落度筒在装料时保持位置固定。

（2）把按要求取得的试样，用小铲分________层均匀地装入筒内，每层高度在搞实后应为坍落度筒高的________。每层用捣棒插捣______次。插捣应呈螺旋形由外向中心进行，应在截面上均匀分布。插捣靠近筒边的混凝土时，捣棒可以略微倾斜。插捣底层时，棒应直达底板。插捣中层和顶层时，捣棒应贯穿本层，直至下一层的表面。

浇灌顶层时，混凝土应浇灌至高出筒口，若插捣过程中混凝土沉落到低于筒口，则应随时添加，以使它自始至终都能保持高出筒口。捣毕，刮去多余试样，用抹刀抹平。

（3）清除筒边底板上的混凝土，垂直平稳地提起坍落度筒。提离过程应在________完成。

从开始装料到提起坍落度筒的整个过程，应不间断地进行，并应在________

内完成。

(4)提起坍落度筒后,立即量测筒口与坍落后的混凝土试体最高点之间的高度差比即为该拌合物的坍落度(以 mm 为单位,读数精确至 5mm)。

三 水泥混凝土拌和物维勃稠度较核(选做)

(一)试验目的

(二)使用仪器和仪表的名称、型号和精度

(三)试验步骤

(1)将容器用螺母固定在________上,放入坍落筒,把漏斗转到坍落筒上口,拧紧螺丝,使漏斗不偏离坍落筒口。

(2)按坍落度试验步骤分______层装拌和物,每层捣______次,捣完第三层混凝土后移去漏斗,抹平筒口,提起筒模,拧松螺丝,仔细地放下圆盘,____________________。

(3)拧紧定位螺丝,使圆盘可定向地向下滑动,开动__________并按动秒表,通过透明圆盘观察混凝土的振实情况,当圆盘底面刚被水泥浆布满时,迅即按停秒表、关闭振动台,并记下秒表所记时间。

(4)每测试完一次后,必须将容器、筒模及透明圆盘洗净擦干,并在滑棒等处涂薄层黄油,以备下次使用。

(四)试验结果处理

四 水泥混凝土拌和物表观密度复核

(一)试验目的

(二)使用仪器和仪表的名称、型号和精度

(三)试验步骤

(1)试验前用湿布将量筒内外擦拭干净,称出质量 $m_1=$____________,精确至 50g。

(2)捣固方法应与现场施工相同。

如用人工捣固(一般当坍落度不小于 70mm 时),将代表样分三层装入量筒,每层插捣 25 次。每层高度约为 1/3 筒高,用捣棒从边缘到中心沿螺旋线均匀插捣。捣棒应垂直压下,不得冲击,捣底层时应至筒底,捣上两层时须插入其下一层约__________mm。每捣完一层,应在量筒外壁拍打________次,直至拌和物表面不出现气泡为止。

如用振动台振实时(一般当坍落度小于 70mm 时),应将量筒在振动台上夹紧,一次将拌和物装满量筒,立即开始振动,直至拌和物表面出现水泥浆为止。如在实际生产振动时须加压,则试验时也应在相应压力下予以振实。

(3)用金属直尺齐筒口刮去多余的混凝土,仔细用镘刀抹平表面,并用玻璃板检验,而后擦净量筒外部并称其质量 m_2 =________;精确至 50g。

(四)试验结果处理

按下式计算拌和物表观密度,精确至 $10kg/m^3$。

$$\rho_{c,t}=\frac{m_2-m_1}{V}\times 1000=$$

混凝土基准配合比调整为________。

五 混凝土立方体抗压强度试验——强度校正

(一)试验目的

(二)使用仪器和仪表的名称、型号和精度

(三)试验步骤

1.试件制备

(1)混凝土抗压强度试件的尺寸填入表 4-2。

混凝土立方体试件尺寸选用表 表 4-2

集料最大粒径(mm)	试件尺寸(mm)	集料最大粒径(mm)	试件尺寸(mm)
20		60	
40			

(2)混凝土抗压强度试件应__________为一组,每组为__________同条件制作和养护的混凝土试块。

(3)所有试件应在取样后立即制作。确定混凝土设计特征值、强度等级或进行材料性能研究时,试件成型方法应根据__________而定。

当坍落度______70mm 的混凝土,宜采用标准振动台振动成型,__________70mm 的,宜采用人工方法成型。

检验现场混凝土工程和预制构件质量的混凝土试件的成型方法应与__________采用的方法相同。

①采用标准振动台成型方法。制作试件前应将试模擦净并在内壁涂上一层__________。

将试模放在振动台上夹牢,防止试模自由跳动,将拌和物一次装满试模并稍有富余,开动振动台,振动应持续到混凝土表面出现__________时为止(一般不超过 90s)。振动结束后,用金属直尺沿试模边缘刮去多余混凝土,用镘刀将表面__________,待试件______后,再次用镘刀将试件________,表面与试件边缘的高低差,不得超过 0.5mm。

②采用人工插捣成型方法。将拌和物分成厚度大致相等的两层装入试模,每层插捣次数填入表 4-3。

人 工 插 捣 次 数 表 4-3

试件尺寸(mm)	每层插捣次数	试件尺寸(mm)	每层插捣次数
100×100×100		200×200×200	
150×150×150			

按螺旋方向从__________到中心均匀地进行捣固。插捣底层时,捣棒应达模底,插捣上层时,捣棒插入该层底面下__________mm 处。插捣时应用力压下,不得冲击,捣完一层后,如有棒坑留下,可用捣棒轻轻填平。

流动性小的混凝土,在插捣过程中,随时用镘刀沿试模内壁插抹数次,以防试件产生__________。

2. 试件养护

(1)试件成型后,用湿布覆盖表面(或其他保持湿度方法),在室温__________℃,相对湿度大于__________的情况下,静放__________昼夜,然后拆模并作第一次外观检查、编号,对有缺陷的试件应除去,或加工补平。

(2)将完好试件标准养护至试验时止,标准养护室温度__________℃,相对湿度在______以上,试件宜放在铁架或木架上,间距至少__________mm,并避免用水直接冲淋。

或者将试件放人水槽中养护，水温______℃，或者用其他方法养护，但须在报告中说明。

(3)至试验龄期时，自养护室取出试件，并继续保持其湿度不变。如试件与构件同条件养护，亦应尽量保持与构件相同干湿状态进行试验。

当须结合施工情况时，试件成型与养护允许与实际情况相同，但应在报告中说明。

3. 混凝土强度

(1)取出试件，先检查其尺寸及形状，相对两面应平行，表面倾斜偏差不得超过______。量出棱边长度，精确至1mm。试件受力截面积按其______计算。试件如有蜂窝缺陷，应在试验前三天用浓水泥浆填补平整，并在报告中说明。在破型前，保持试件原有______，在试验时擦干试件，称出其______。

(2)以成型时______为上下受压面，试件安放在球座上，球座置于压力机中心，几何对中。

强度等级小于C30的混凝土取______MPa/s的加荷速度；强度等级不低于C30时则取0.5～0.8MPa/s的加荷速度，当试件接近破坏而开始迅速变形时，应______调整试验机油门直至试件破坏，记下破坏极限荷载F=______。

(四)试验结果处理

校核强度后将结果填入表4-4。

混凝土配合比通知单 表4-4

混凝土配合比通知单					配合比编号		
					试配编号		
强度等级		水胶比		水灰比		砂率	
材料名称 / 项目	水泥	水	砂	石	外加剂	掺合料	其他
每 m^3 用量(kg/m^3)							
每盘用量(kg)							
混凝土碱含量(kg/m^3)							
	注：此拦只有遇II类工程(按京建科[1999]230号规定分类)时填写						

续上表

混凝土配合比通知单				配合比编号	
				试配编号	
注:本配合比所使用材料均为干材料,使用单位应根据材料含水情况随时调整					
批准		审核		试验	
报告日期					

注:本表由施工单位保存。

六 施工配合比确定

调整砂石含水率,将结果填入表 4-5。

混凝土开盘鉴定　　　　表 4-5

混凝土开盘鉴定				编　号		
工程名称及部位				鉴定编号		
施工单位				搅拌方式		
强度等级				要求坍落度		
配合比编号				试配单位		
水灰比				砂率(%)		
材料名称	水泥	水	砂	石	外加剂	掺合料
每 m^3 用量(kg/m^3)						
调整后每盘用量(kg)			砂含水率%	石含水率%		
鉴定结果 鉴定项目	混凝土拌和物性能			混凝土试块抗压强度(MPa)	原材料与申请单是否相符	
	坍落度	保水性	粘聚性			
设计						
实测						
鉴定结论						
建设(监理单位)	混凝土试配单位负责人		施工单位技术负责人		搅拌机组负责人	
鉴定日期						

注:采用现场搅拌混凝土的工程,本表由施工单位填写并保存。

项目二　混凝土现场质量控制

第一节　实训内容

一　现场拌制的混凝土检查内容

（1）检查拌制混凝土所用原材料的品种、规格和用量，每一工作班至少两次。及时发现和纠正原材料在品种、规格上的差异，并校核其用量，不得超出表4-6规定的允许偏差。

混凝土原材料称量的允许偏差　　表4-6

材料名称	容许偏差（%）	材料名称	容许偏差（%）
水泥、混合材料	±2	水、外加剂	±2
粗、细骨料	±3		

注：①各种衡器应定期核验，保持准确；

②骨料含水率应经常测定，雨天施工应增加测定次数。

（2）在每一工作班内，当混凝土配合比由于外界影响有变动时，应及时检查。混凝土的搅拌时间应随时检查。混凝土搅拌的最短时间，可按表4-7采用。

混凝土搅拌的最短时间（s）　　表4-7

混凝土坍落度（mm）	搅拌机型	搅拌机出料量（L）		
		<50	250～500	>500
≤30	强制式	60	90	120
	自落式	90	120	150
>30	强制式	60	60	90
	自落式	90	90	120

注：①混凝土搅拌的最短时间，系指自全部材料装入搅拌筒中起，到开始卸料止的时间；

②当掺有外加剂时，搅拌时间应适当延长；

③当采用其他形式的搅拌设备时，搅拌的最短时间应按设备说明书的规定或经试验确定。

（3）检查混凝土在浇筑地点的坍落度，每一工作班至少两次。

（4）检查混凝土质量，应进行抗压强度试验。对有抗冻、抗渗要求的混凝土，尚应进行抗冻性、抗渗性试验。

二 预拌混凝土的检查

当采用预拌混凝土时，预拌厂应提供下列资料：水泥品种、强度等级及每立方米混凝土中的水泥用量；骨料的种类和最大粒径：外加剂、掺合料的品种及掺量；混凝土强度等级和坍落度；混凝土配合比和标准试件强度。

对预拌混凝土，应在商定的交货地点进行坍落度检查，实测的混凝土坍落度与要求坍落度之间的允许偏差，应符合表4-8的要求。

预拌混凝土坍落度允许落偏差(mm)　　表4-8

要求坍落度	容许偏差	要求坍落度	容许偏差
<50	±10	>90	±30
50～90	±20		

三 试验项目与实训项目

(一)试验项目

试验项目具体内容详见主教材试验部分。

(二)实训项目

1.抗冻性能试验(慢冻法)

1)试验目的：

主要用来测定混凝土试件所能经受的冻融循环次数。

2)主要仪器：

(1)冷冻箱(室)：装有试件后能使箱(室)内温度保持在－15～－20℃的范围以内。

(2)融解水槽装有试件后能使水温保持在15～20℃的范围以内。

(3)框篮用钢筋焊成，其尺寸应与所装的试件相适应。

(4)案秤称量10kg，感量为5g。

(5)压力试验机精度至少为±2%，其量程应能使试件的预期破坏荷载值不小于全量程的20%，也不大于全量程的80%。试验机上、下压板及试件之间可各垫以钢垫板，钢垫板两承压面均应机械加工。与试件接触的压板或垫板的尺寸应大于试件承压面，其不平度应为每100mm不超过0.02mm。

3)试验方法：

(1)慢冻法混凝土抗冻性能试验应采用立方体试件。试件的尺寸与制作方法同混凝土立方体抗压强度试验，每次试验所需的试件组数应符合表 4-9 的规定，每组试件应为 3 块。

慢冻法试验所需的试件组数 表 4-9

设计抗冻标号	F25	F50	F100	F150	F200	F250	F300
检查强度时的冻融循环次数	25	50	50～100	100～150	150～200	200～250	250～300
鉴定 28d 强度所需试件组数	1	1	1	1	1	1	1
冻融试件组数	1	2	2	2	2	2	2
对比试件组数	1	1	2	2	2	2	2
总计试件组数	3	3	5	5	5	5	

(2)如无特殊要求，试件应在 28d 龄期时进行冻融试验。试验前 4d 应把冻融试件从养护地点取出，进行外观检查，随后放在 15～20℃水中浸泡，浸泡时水面至少应高出试件顶面 20mm，冻融试件浸泡 4d 后进行冻融试验。对比试件则应保留在标准养护室内，直到完成冻融循环后，与抗冻试件同时试压。

(3)浸泡完毕后，取出试件，用湿布擦除表面水分、称重、按编号置入框篮后即可放入冷冻箱(室)开始冻融试验。在箱(室)内，框篮应架空，试件与框篮接触处应垫以垫条，并保证至少留有 20mm 的空隙，框篮中各试件之间至少保持 50mm 的空隙。

(4)抗冻试验冻结时温度应保持在－15～20℃。试件在箱内温度到达－2℃时放入，装完试件如温度有较大升高，则以温度重新降至－15℃时起算冻结时间。每次从装完试件到重新降至－15℃所需的时间不应超过 2h。冷冻箱(室)内温度均以其中心处温度为准。

(5)每次循环中试件的冻结时间应按其尺寸而定，对 100mm×100mm×100mm 及 150mm×150mm×150mm 试件的冻结时间不应小于 4h，对 200mm×200mm×200mm 试件不应小于 6h。如果在冷冻箱(室)内同时进行不同规格尺寸试件的冻结试验，其冻结时间应按最大尺寸试件计。

(6)冻结试验结束后，试件即可取出并应立即放入能使水温保持在 15～20℃)的水槽中进行融化。此时，槽中水面应至少高出试件表面 20mm，试件在水中融化的时间不应小于 4h。融化完毕即为该次冻融循环结束，取出试件送入冷冻箱(室)进行下一次循环试验。

(7)应经常对冻融试件进行外观检查。发现有严重破坏时应进行称重，如试件的平均失重率超过 5%，即可停止其冻融循环试验。

(8)混凝土试件达到表 4-9 规定的冻融循环次数后，即应进行抗压强度试验。抗压试验前应称重并进行外观检查，详细记录试件表面破损、裂缝及边角缺损情况。如果试件表面破损严重，则应用石膏找平后再进行试压。

(9)在冻融过程中，如因故需中断试验，为避免失水和影响强度，应将冻融试件移入标准养护室保存，直至恢复冻融试验为止。此时应将故障原因及暂停时间在试验结果中注明。

4)结果计算

(1)混凝土冻融试验后应按下式计算其强度损失率。

$$\Delta f_c = \frac{f_{c0} - f_{cn}}{f_{c0}} \times 100 \tag{4-1}$$

式中：Δf_c——N 次冻融循环后的混凝土强度损失率，以 3 个试件的平均值计算(%)；

f_{c0}——对比试件的抗压强度平均值(MPa)；

f_{cn}——经 N 次冻融循环后的三个试件抗压强度平均值(MPa)。

(2)混凝土试件冻融后的重量损失率可按式 4-2 计算：

$$\Delta\omega_n = \frac{G_0 - G_1}{G_0} \times 100 \tag{4-2}$$

式中：$\Delta\omega_n$——N 次冻融循环后的重量损失率，以 3 个试件的平均值计算(%)；

G_0——冻融循环试验前的试件重量(kg)；

G_1——N 次冻融循环后的试件重量(kg)。

混凝土的抗冻标号，以同时满足强度损失率不超过 25%，重量损失率不超过 5%时的最大循环次数来表示。

2. 抗渗性能试验

1)试验目的：

主要用来测定硬化后混凝土的抗渗标号。

2)主要仪器：

(1)混凝土抗渗仪应能使水压按规定的制度稳定地作用在试件上的装置。

(2)加压装置螺旋或其它形式，其压力以能把试件压入试件套内为宜。

3)试验方法：

(1)抗渗性能试验应采用顶面直径为 175mm，底面直径为 185mm，高度为 150mm 的圆台体或直径与高度均为 150mm 的圆柱体试件(视抗渗设备要求而定)。抗渗试件以 6 个为一组。

(2)试件成型后 24h 拆模，用钢丝刷刷去两端面水泥浆膜，然后送入标准养护室养护。试件一般养护至 28d 龄期进行试验，如有特殊要求，可在其他龄期进行。

(3)试件养护至试验前一天取出，将表面晾干，然后在其侧面涂一层熔化的密封材料，随即在螺旋或其它加压装置上，将试件压入经烘箱预热过的试件套中，稍冷却后，即可解除压力、连同试件套装在抗渗仪上进行试验。

(4)试验从水压为0.1MPa开始。以后每隔8h增加水压0.1MPa，并且要随时注意观察试件端面的渗水情况。

(5)当6个试件中有3个试件端面呈有渗水现象时，即可停止试验，记下当时的水压。

(6)在试验过程中，如发现水从试件周边渗出，则应停止试验，重新密封。

4)结果计算：

混凝土的抗渗标号以每组6个试件中4个试件未出现渗水时的最大水压力计算，其计算式为：

$$S=10H-1 \tag{4-3}$$

式中：S——抗渗标号；

H——6个试件中3个渗水时的水压力(MPa)。

第二节　取样方法及数量

一　混凝土坍落度和混凝土强度试件的留置

用于检查混凝土强度的试件，应在混凝土的浇筑地点随机取样制作。每次取样，应至少留置一组标准试件(三块)；同条件养护试件的留置组数，可根据实际需要确定；并同时测定混凝土坍落度。

同一强度等级、同一配合比、同种原料试件的留置应符合下列规定：

(1)每拌制100盘且不超过100盘的同配合比的混凝土，其取样不得少于一次。

(2)每工作班拌制的同配合比的混凝土，不足100盘时，其取样不得少于一次。

(3)每一流水段为一取样单位，取样不得少于一次，同一单位工程每一验收项目中同配合比混凝土的取样不得少于一次。

预拌混凝土，除应在预拌混凝土厂内按规定留置试件外，混凝土运到现场后，尚应按上述规定留置试件。

二 试件制作

(1)试样要有代表性。

(2)在搅拌后第三盘至结束前30min之间取样。

(3)每组试件(包括同条件养护)应取自同盘混凝土,应在浇筑地点制作试块,标准养护试块拆模后,应立即送标准养护试验室。

第三节 实训报告

一、混凝土坍落度试验或混凝土拌和物维勃稠度试验(同项目一)

二、混凝土立方体抗压强度试验(同项目一)

结果处理

1.计算混凝土立方体试件抗压强度,将计算结果填入表4-10:

$$f_{cu}=\frac{F}{A}\,(\text{MPa}) \tag{4-4}$$

混凝土抗压强度试验报告　　表4-10

<table>
<tr><td colspan="3" rowspan="3">混凝土抗压强度试验报告</td><td>编号</td><td colspan="2"></td></tr>
<tr><td>试验编号</td><td colspan="2"></td></tr>
<tr><td>委托编号</td><td colspan="2"></td></tr>
<tr><td>工程名称及部位</td><td colspan="5"></td></tr>
<tr><td>委托单位</td><td colspan="2"></td><td>试验委托人</td><td colspan="2"></td></tr>
<tr><td>设计强度等级</td><td colspan="2"></td><td>实测坍落度、扩展度</td><td colspan="2"></td></tr>
<tr><td>水泥品种及强度等级</td><td colspan="2"></td><td>试验编号</td><td colspan="2"></td></tr>
<tr><td>砂种类</td><td colspan="2"></td><td>试验编号</td><td colspan="2"></td></tr>
<tr><td>石种类、公称直径</td><td colspan="2"></td><td>试验编号</td><td colspan="2"></td></tr>
<tr><td>外加剂名称</td><td colspan="2"></td><td>试验编号</td><td colspan="2"></td></tr>
<tr><td>掺合料名称</td><td colspan="2"></td><td>试验编号</td><td colspan="2"></td></tr>
<tr><td colspan="6">配合比编号</td></tr>
<tr><td>成型日期</td><td></td><td>要求日期</td><td></td><td>要求试验日期</td><td></td></tr>
<tr><td>养护方法</td><td></td><td>收到日期</td><td></td><td>试块制作人</td><td></td></tr>
</table>

续上表

<table>
<tr><td colspan="5" rowspan="3">混凝土抗压强度试验报告</td><td colspan="2">编号</td><td colspan="2"></td></tr>
<tr><td colspan="2">试验编号</td><td colspan="2"></td></tr>
<tr><td colspan="2">委托编号</td><td colspan="2"></td></tr>
<tr><td rowspan="6">试验结果</td><td rowspan="2">试验
日期</td><td rowspan="2">龄期
(d)</td><td rowspan="2">试块
边长
(mm)</td><td rowspan="2">受压
面积
(mm²)</td><td colspan="2">荷载(kN)</td><td rowspan="2">折合立方
体抗压强度
(MPa)</td><td rowspan="2">达到设计
强度等级
(%)</td></tr>
<tr><td>单块值</td><td>平均值</td></tr>
<tr><td rowspan="3"></td><td rowspan="3"></td><td rowspan="3"></td><td rowspan="3"></td><td></td><td rowspan="3"></td><td rowspan="3"></td><td rowspan="3"></td></tr>
<tr><td></td></tr>
<tr><td></td></tr>
<tr><td colspan="8"></td></tr>
<tr><td colspan="9">结论：</td></tr>
<tr><td>批准</td><td colspan="2"></td><td colspan="2">审核</td><td colspan="2"></td><td>统计</td><td></td></tr>
<tr><td>试验单位</td><td colspan="8"></td></tr>
<tr><td>报告日期</td><td colspan="8"></td></tr>
</table>

注：本表由建设单位、施工单位各保留一份。

2. 强度平均值、标准差(全班数据)

(1)强度平均值($\overline{f}_{cu}$)，在现行表格中以 m_{fcu} 表示。

$$m_{fcu}=\frac{1}{n}\sum_{i=1}^{n}f_{i} \tag{4-5}$$

(2)标准差(S_{fcu})。验收批混凝土强度的标准差 S_{fcu} 按下式计算：

$$S_{fcu}=\sqrt{\frac{\sum_{i=1}^{n}f_{cu,i}^{2}-n\overline{f}_{cu}^{2}}{n-1}} \tag{4-6}$$

(3)最小值 $f_{cu,min}$ ________________；

$f_{cu,min}$ ________________。

3. 混凝土强度的合格评定

根据《混凝土强度检验评定标准》(GBJ 107—87)规定，本实验取标准差未知方案的统计方法或非统计方法。

(1)标准差未知方案。当混凝土的生产条件在较长时间内不能保持一致，且混凝土强度变异性不能保持稳定时，检验评定只能直接根据每一验收批抽样的强度数据确定。

强度评定时，应由不少于 10 组的试件组成一个验收批，其强度应同时满足下列要求：

$$\overline{f}_{cu}-\lambda_1 S_{fcu}\geqslant 0.9f_{cu,k} \quad (4\text{-}7)$$

$$f_{cu,min}\geqslant \lambda_2 f_{cu,k} \quad (4\text{-}8)$$

$$f_{cu}-\lambda_1 S_{fcu}=$$

$$0.9f_{cu,k}=$$

$$\lambda_2 f_{cu,k}=$$

(2)非统计方法评定。对某些小批量零星混凝土的生产，因其试件数量有限，不具备按统计方法评定混凝土强度的条件，可采用非统计方法。

按非统计方法评定混凝土强度时，其强度应同时满足下列要求：

$$f_{cu}\geqslant 1.15f_{cu,k} \quad (4\text{-}9)$$

$$f_{cu,min}\geqslant 0.95f_{cu,k} \quad (4\text{-}10)$$

$$1.15f_{cu,k}=$$

$$0.95f_{cu,k}=$$

4.将计算结果填入表4-11。

混凝土试件抗压强度统计评定表（全班结果）　　表4-11

<table>
<tr><td colspan="6">混凝土试块强度统计、评定记录</td><td colspan="2">编号</td><td colspan="3"></td></tr>
<tr><td>工程名称</td><td colspan="5"></td><td colspan="2">强度等级</td><td colspan="3"></td></tr>
<tr><td>施工单位</td><td colspan="5"></td><td colspan="2">养护方法</td><td colspan="3"></td></tr>
<tr><td>统计日期</td><td colspan="5">年　月　日　至　年　月　日</td><td colspan="2">结构部位</td><td colspan="3"></td></tr>
<tr><td rowspan="2">试件组数 n</td><td colspan="2" rowspan="2">强度标准值
$f_{cu,k}$(MPa)</td><td colspan="2" rowspan="2">平均值
m_{fcu}(MPa)</td><td rowspan="2">标准差
S_{fcu}(MPa)</td><td colspan="2" rowspan="2">最小值
$f_{cu,min}$(MPa)</td><td colspan="3">合格判定系数</td></tr>
<tr><td>λ_1</td><td colspan="2">λ_2</td></tr>
<tr><td rowspan="3">每组强度值(MPa)</td><td></td><td></td><td></td><td></td><td></td><td></td><td></td><td></td><td></td><td></td></tr>
<tr><td></td><td></td><td></td><td></td><td></td><td></td><td></td><td></td><td></td><td></td></tr>
<tr><td></td><td></td><td></td><td></td><td></td><td></td><td></td><td></td><td></td><td></td></tr>
<tr><td rowspan="3">评定界限</td><td colspan="7">统计方法(二)</td><td colspan="3">非统计方法</td></tr>
<tr><td colspan="2">$0.9f_{cu,k}$</td><td colspan="3">$m_{fcu}-\lambda_1 S_{fcu}$</td><td colspan="2">$\lambda_2 f_{cu,k}$</td><td>$1.15f_{cu,k}$</td><td colspan="2">$0.95f_{cu,k}$</td></tr>
<tr><td colspan="2"></td><td colspan="3"></td><td colspan="2"></td><td></td><td colspan="2"></td></tr>
<tr><td>判定式</td><td colspan="3">$m_{fcu}-\lambda_1 S_{fcu}\geqslant 0.9f_{cu,k}$</td><td colspan="4">$f_{cu,min}\geqslant \lambda_2 f_{cu,k}$</td><td>$m_{fcu}\geqslant 1.15f_{cu,k}$</td><td colspan="2">$f_{cu,min}\geqslant 0.95f_{cu,k}$</td></tr>
<tr><td>结果</td><td colspan="10"></td></tr>
<tr><td colspan="11">结论：</td></tr>
<tr><td colspan="4">批准</td><td colspan="4">审核</td><td colspan="3">统计</td></tr>
<tr><td colspan="4"></td><td colspan="4"></td><td colspan="3"></td></tr>
<tr><td colspan="4">报告日期</td><td colspan="7"></td></tr>
</table>

注：本表由建设单位、施工单位、城建档案馆各保留一份。

项目三　推定混凝土强度试验(选做)

第一节　实 训 内 容

推定混凝土强度试验,在实际工程中用于预防一些质量问题,或出现问题以后寻求解决方案时使用,这些实验结果往往比标准试件强度实验出来得快,但准确程度低。

从预防角度,主要有早期推定混凝土强度试验;从处理问题的依据角度,主要有非破损检验方法或从结构、构件中钻取芯样的方法。

一　早期推定混凝土强度试验方法简介

由于实际工程中,我们常常希望在混凝土28d龄期之前了解混凝土的强度情况,所以引进快速测定混凝土强度方法,在短期内预测混凝土强度。进行更合理的质量控制。早期推定混凝土强度试验的方法很多,但一般可分为以下四类:

(1)根据长期积累的数据建立混凝土的3d或7d的抗压强度与28d抗压强度之间关系的经验公式(主教材),用3d或7d的抗压强度推算28d抗压强度。

(2)以早期经过加速养护的混凝土试件强度为依据,推定混凝土28d可能达到的强度。

(3)以混凝土拌和物的某些性质的试验结果作为依据,推定混凝土28d可能达到的强度。这类方法一般有:将试件置于55～127℃的温度下养护0.5～30h,测定早期强度来推定28d强度;或以快速测定的水灰比为依据推定混凝土28d的强度。

(4)以混凝土成熟度为依据推定28d可能达到的强度。

国家标准确定的方法主要有湿热养护法和促凝压蒸法。

(一)湿热养护法

使用加速养护箱来进行湿热养护,可以使混凝土尽快获得强度。湿热养护法试验主要有以下三种:

1.100℃沸水法(次日脱模法)

在成型试件并抹面后,以橡皮垫覆盖表面,放在标准养护室或室温20±5℃的室内静置。从加水拌和、取样、成型、至静置结束及脱模共24h±15min。

将脱模试件浸入加速养护箱沸水中，箱中水应在浸入试件后15min内恢复到沸点，整个养护期间，箱中水应保持沸腾。

注：若混凝土早期强度较低，不宜脱模加速养护时，应使用密封试模，成型静置后带模加速养护。放置试体时，试体与箱壁之间及试体与试体之间应留50mm以上的间距，且试件底面距热源应不小于100mm，箱内水面应保持在试体顶面50mm以上。

在整个养护期内，必须连续或定时记录养护水的温度。

试件在沸水中养护4h±5min。取出试件，在室温下静置1h±10min，使其冷却。在龄期为29±15min时进行抗压强度试验，测得其加速养护强度。

2. 80℃热水法

在成型试件并抹面后，密封试模。从加水拌和、取样、成型、至静置结束共1h±10min。

将内装试件的密封试模浸入养护箱80℃热水中，箱中水应在浸入试件后15min内恢复到80±2℃，整个养护期间，箱中水应保持80±2℃。

在整个养护期内，必须连续或定时记录养护水的温度。

试件在80±2℃热水中养护5h±5min。取出带模试件，脱模，在室温下静置1h±10min，使其冷却。在龄期为7±15min时进行抗压强度试验，测得其加速养护强度。

3. 55℃温水(次日)法

在成型试件并抹面后，密封试模。从加水拌和、取样、成型、至静置结束共1h±10min。

将内装试件的密封试模浸入养护箱55℃热水中，箱中水应在浸入试件后15min内恢复到55±2℃，整个养护期间，箱中水应保持55±2℃。

在整个养护期内，必须连续或定时记录养护水的温度。

试件在55±2℃热水中养护23h±15min。取出带模试件，脱模，在室温下静置1h±10min，使其冷却。在龄期为25±15min时进行抗压强度试验，测得其加速养护强度。

(二)促凝压蒸法

取有代表性的新拌混凝土3～4kg，取样后立即用5mm筛子筛取混凝土中的砂浆，直至粗骨料表面不粘砂为止。

称取重新拌和均匀的湿筛砂浆500g，将砂浆试样摊平，均匀撒入5g专用促凝剂(一般用CS促凝剂，当混凝土掺粉煤灰掺合料或缓凝型外加剂时，可用CAS促凝剂)，用小铲迅速翻拌，拨压30s。

将拌匀的砂浆分两层装入 31.6mm×31.6mm×50mm 长方体试件试模。每层均匀捣实 9 下，砂浆装模捣固后，用左手按住试模一端，右手将试模另一端稍稍端起轻轻振动，两端各振动 5 次。然后用小刀将高出试模的砂浆刮平，盖上钢板。

加入促凝剂至 5min 时，将装有试件的试模放入水已沸腾的压蒸锅蒸屉上，家盖扣阀，进行压蒸养护（蒸气压力为 100kPa；相对温度为 120℃）。

压蒸养护 1h±2min（采用快缓凝型外加剂或掺粉煤灰混合材料时，可延长至 1.5h，适宜时间通过试验确定），将压力锅从电炉上搬下，去阀放气，锅内无蒸汽压力后，开盖取出试模，脱模，按有关规定测得加速养护强度。

二 无损检测技术简介

《混凝土结构工程施工及验收规范》规定：当对混凝土试件强度的代表性有怀疑时，可采用非破损检验方法或从结构、构件中钻取芯样的方法，对结构构件中的混凝土强度进行推定，作为是否应进行处理的依据。

当出现下列情况之一时，需要进行无损检测：

(1)缺少试块，或试块缺乏代表性，或试块试验结果不满足设计和规范要求。

(2)工程实体质量监督抽查中监督检测。

(3)监理单位在工程监理中实施的平行检验。

(4)房屋改造中对混凝土质量的了解。

(5)商品房质量投诉中对混凝土强度的检测。

(一)超声波检测技术

1.超声测混凝土强度的原理

混凝土抗压强度与超声波在其内部传播时的速度有相关性，混凝土强度越高，超声波在混凝土中传播的波速也越大，反之波速就小。

2.裂缝深度的检测

超声法为检测混凝土的裂缝提供了一种方便、快速和准确的检测手段。超声波在混凝土传播过程中遇到裂缝，将产生反射、折射、绕射等物理现象，使超声波声时延长，根据声时的变化推测裂缝的深度。

3.混凝土内部缺陷的检测

1)混凝土结合面的质量检测。

如果前后两次浇筑混凝土的时间间隔大于 3h，前后两次浇筑混凝土的界面间就会形成混凝土的结合面。常采用超声斜射法检测混凝土结合面的浇筑质量，测试前需要判断结构和构件混凝土结合面的位置及走向，布置测点时应避开与声波传播方向平行的主钢筋或预埋件。

按布置的测点测量声时、波的振幅和频率值，当某些测点的测量数据异常时，如声时增大，波幅减小等，可判定这些测点超声路径与混凝土结合面相交部位结合不良。

2)混凝土内部空洞和疏松等缺陷的检测。

超声法检测结构和构件混凝土内部空洞和疏松等缺陷的原理与前面的原理一样，是利用超声波在混凝土中的声时、波幅或频率值的变化来确定异常测点的位置达到判别缺陷的范围的目的。

当建筑结构和构件有两对相互平行的测试面时可采用对测法。当建筑结构和构件仅有一对平行的测试面时应采用斜测法。当建筑结构和构件的尺寸较大时，利用钻孔法检测混凝土内部的缺陷。

(二)回弹法检测混凝土强度

1.回弹仪基本测试原理

回弹仪的重锤在拉簧拉力的作用下沿导向杆急速运动，当重锤撞击弹击杆后，弹击杆撞击混凝土表面，而重锤向相反的方向回弹一定的距离，从刻度尺上的指针位置读取回弹值。

回弹仪的基本测试原理就是利用拉力弹簧驱动重锤，通过弹击杆作用混凝土表面，以重锤回弹的距离与拉力弹簧初始拉伸长度比值的百倍整数值为被测混凝土的回弹值 W，再由回弹值与混凝土抗压强度间的相关关系推定混凝土的抗压强度。

2.回弹法测强报告中的有关概念及数据的计算

(1)测区：检测结构或构件混凝土抗压强度时的一个检测单元。

(2)测点：在测区内进行的一个检测点。

(3)测区混凝土强度换算值：由测区的平均回弹值和碳化深度值通过测强曲线计算得到的该检测单元的现龄期混凝土抗压强度值。检测时，在结构或构件上取得测试值后，按照事先已制订好的测强曲线查得强度值。

(4)平均值和标准差：结构或构件的测区混凝土强度平均值可根据各测区的混凝土强度换算值计算。

当测区数为 10 个及以上时，应计算强度标准差。平均值及标准差应按下列公式计算：

$$m_{f_{cu}} = \frac{1}{n}\sum_{i=1}^{n} f_{cu,i} \tag{4-11}$$

$$S_{fcu}=\sqrt{\frac{\sum_{i=1}^{n}(f_{cu,i})^2-n(m_{fcu})^2}{n-1}} \tag{4-12}$$

式中：m_{fcu}——结构或构件测区混凝土强度换算值的平均值(MPa)；

n——对于单个检测的构件，取一个构件的测区数；对批量检测的构件，取被抽检构件测区数之和；

S_{fcu}——混凝土强度测区标准差（MPa），精确至 0.01MPa；

$f_{cu,i}$——混凝土测区强度换算值（MPa），精确至 0.01MPa。

(5)结构或构件混凝土强度推定值 $f_{cu,e}$：强度换算值总体分布中保证率不低于 95％的结构或构件中的混凝土抗压强度值，$f_{cu,e}$应按下列公式确定：

①当该结构或构件测区数少于 10 个时；

$$f_{cu,e}=f_{cu,min} \tag{4-13}$$

式中：$f_{cu,min}$——构件中最小的测区混凝土强度换算值。

②当该结构或构件的测区强度值中出现小于 10.0MPa 时；

$$f_{cu,e}=10.0\text{MPa} \tag{4-14}$$

③当该结构或构件测区数不少于 10 个或按批量检测时，应按下列公式计算：

$$f_{cu,e}=m_{fcu}-1.645S_{fcu} \tag{4-15}$$

3.超声回弹综合法检测混凝土强度

超声回弹综合法是利用超声法和回弹法两种独立的检测手段联合进行检测建筑结构和构件混凝土的抗压强度，它较之单一检测方法具有检测精度高、适用范围广和测试结果可信度高等优点，因此，在混凝土构件的质量控制及检测结构和构件混凝土强度中得到广泛的应用。

超声回弹综合法是以超声波在建筑结构混凝土内部传播的波速和混凝土表面的回弹值的两项测试指标，综合推定结构混凝土抗压强度的一种无损检测方法。超声法检测混凝土强度充分反映了超声波历程上混凝土内部材料的平均强度，而回弹法的回弹值仅反映了结构混凝土表面层的材料强度。超声法和回弹法检测结构混凝土强度的测量值是可以互相补偿的，消除碳化因素的影响。试验证明：超声回弹综合法检测结构和构件混凝土强度的精确度和可靠性要高于单一的超声法或回弹法。

(三)局部破损混凝土强度的检测技术

1. 钻芯法

钻芯法是在混凝土结构中有代表性的部位直接钻取混凝土芯样,一方面钻芯法可以直观的检测结构混凝土内部缺陷,另一方面由芯样检测混凝土的抗压强度或劈裂抗拉强度,进尔评定结构混凝土的强度指标。这种检测方法的优点是直观可靠地检测结构和构件混凝土的内部缺陷或强度指标,其缺点是对原结构会造成局部损伤,所以,钻芯法只作为抽检结构和构件混凝土抗压强度、内部混凝土强度的均匀性或缺陷的方法。

2. 拔出法

拔出法是利用金属锚固件固定在结构或构件混凝土中,然后将金属锚固件拔出同时测量拔出力的大小,利用拔出力与混凝土抗压强度间的相关关系,推定结构和构件混凝土抗压强度的测试方法。拔出法有两种主要测试方法:其一是将金属锚固件预埋入未硬化的混凝土结构或构件中,到达龄期后进行拔出法试验,称为先装法。另一种是在已经硬化的混凝土结构或构件上钻孔装入金属锚固件,再进行拔出试验,称为后装法。

拔出法的优点是直观可靠地反映了结构或构件混凝土的抗压强度,试验测试结果可信度较高,而且比钻芯法方便省时省力,测试经费用低,测试过程中结构和构件混凝土的损伤范围较小。

第二节　取样方法及数量

一　混凝土早期推定抽样

按实际工程需要确定。

二　混凝土无损检测抽样

结构或构件混凝土强度检测可采用下列两种方式,其适用范围及结构或构件数量应符合下列规定:

(1)单个检测:适用于单个结构或构件的检测。

(2)批量检测:适用于在相同的生产工艺条件下,混凝土强度等级相同 ,原材料、配合比、成型工艺、养护条件基本一致且龄期相近的同类结构或构件。按批进行检测的构件，抽检数量不得少于同批构件总数的 30%且构件数量不得少于 10 件。抽检构件时，应随机抽取并使所选构件具有代表性。

第三节 实训报告

一 80℃热水法早期推定混凝土强度试验

(一)试验目的

了解早期推定混凝土强度实验方法。

(二)使用仪器和仪表的名称、型号和精度

(1)加速养护箱:________________________________。
(2)其它仪器同普通混凝土强度试验。

(三)试验步骤

(1)试块制作。
(2)80℃热水法养护。
(3)在龄期为 7±15min 时进行抗压强度试验，测得其加速养护强度。

(四)结果处理

计算方法同普通混凝土抗压强度试验。

二 回弹法无损检测

(一)试验目的

掌握无损检测混凝土的实验方法。

(二)使用仪器和仪表的名称、型号和精度

回弹仪:________________________________。

(三)试验步骤

1.测区的布置

(1)测区应均匀的布置在构件上,每个构件上测区数不少于10个。

(2)对长度小于或等于2m的 构件上,其测区数可适当减少,但不应少于3个。

(3)测区布置在构件混凝土浇灌方向的侧面。

(4)测区均匀分布,相邻两测区的间距不宜大于2m。

(5)测区避开钢筋密集区和预埋件。

(6)测区尺寸为200mm×200mm。

(7)测试面应清洁、干燥、平整。

(8)测区内注明编号,并记录测区的位置和外观质量情况。

2.测点的布置

(1)在所选的测区的两个相对面布置8个点。

(2)所布置的测点应均匀地分布在测区上。

(3)各测点的间距不小于30mm;测点距外边缘或外露的钢筋、铁件的距离不小于50mm;且同一测点只允许弹击一次。

3.回弹值测定

进行16点的回弹测定,剔除3个最大值和3个最小值;

(四)结果处理

(1)将测试结果填入表4-12,由测区的平均回弹值和碳化深度值通过测强曲线得到该检测单元的测区强度值。

(2)计算出混凝土强度推定值 $f_{cu,e}$

$$\mathrm{m}_{fcu}=\frac{1}{n}\sum_{i=1}^{n}f_{cu,i}$$

$$\mathrm{S}_{fcu}=\sqrt{\frac{\sum_{i=1}^{n}(f_{cu,i})^2-n(\mathrm{m}_{fcu})^2}{n-1}}=\_\_\_\_\_\_\_\_\_\_\text{(MPa)}$$

$$f_{cu,e}=\mathrm{m}_{fcu}-1.645\mathrm{S}_{fcu}\_\_\_\_\_\_\_\_\_\_\_\_\_\_\text{(MPa)}$$

回弹值法测混凝土抗压强度计算表　　表 4-12

项目＼测区号		1	2	3	4	5	6	7	8	9	10
回弹值	测区平均值										
	角度修正值	—	—	—	—	—	—	—	—	—	
	角度修正后	—	—	—	—	—	—	—	—	—	
	浇筑面修正值	—	—	—	—	—	—	—	—	—	
	浇筑面修正后	—	—	—	—	—	—	—	—	—	
碳化深度值 md(mm)											
测区强度值 $f^c cu$(MPa)											
强度计算(MPa) n=10		m_{fcu}=			S_{fcu}=			$f_{cu,e}$=			
使用测区强度换算表名称		规程 JGJ/T 23—2001　地区				专用			备注		

测试:××　计算:××　　复核:××　计算日期:××××年××月××日

试 验 评 分 表

组号:

序号	作业项目	考 核 内 容	分数	评 分 标 准	扣分	得分	扣分原因
1	预习	试验目的	5	目的未填写扣 5 分			
		试验主要仪器	5	主要仪器未填写扣 3～5 分			
		试验步骤	5	操作未填写扣 5 分			
2	试验操作	操作水平	35	操作每错或少一步扣 5 分 读数不正确扣 5 分			
3	成果整理	测定数据	20	无数据扣 20 分			
		计算过程	10	无计算过程扣 10 分			
		结论与总结	10	无结论扣 10 分			
4	结束工作	整理现场	5	未打扫扣 5 分,不彻底扣 1～2 分			
5	安全文明操作		5	有仪器损坏扣 3 分 有安全事故扣 5 分			
6	总分						

本章小结

本章设计了三个实训项目，项目一与项目二在实际工程中应用极为广泛，是每一个工程都必须完成的；项目一模拟了混凝土配合比的形成过程，项目二模拟了施工现场混凝土质量控制过程。

项目三在个别工程上的应用也是比较多的，特别是一些对混凝土强度要求较高的大中型项目，有助于迅速发现问题，解决问题，减少损失。

小知识

从专业的角度来说，不主张将无损检测方法结果与标准立方体抗压强度相比较。无损检测方法是直接在结构物上检测混凝土质量，工地现场的条件不可能是标准养护(即恒温恒湿条件)；而标准立方体抗压强度是以按规定的取样方法制作的立方体试件，在规定的温、湿度环境下，养护 28d 时按标准实验方法测得的试件抗压强度来评定结构构件的混凝土强度。用试件实验测得的混凝土性能指标，往往与结构物中的混凝土的性能有一定差别。所以无损检测方法测出的强度明显低于立方体抗压强度几乎是一个普遍现象。

工程实例

某大厦三层柱混凝土回弹值如下表所示，请按批量检测推定该批柱的混凝土强度。

混凝土强度计算表

工程名称：××××

结构或构件名称：三层柱

项目 \ 测区号		1	2	3	4	5	6	7	8	9	10
回弹值	测区平均值	35.0	35.9	35.4	36.2	37.5	38.0	34.7	32.4	33.6	36.0
	角度修正值	—	—	—	—	—	—	—	—	—	
	角度修正后	—	—	—	—	—	—	—	—	—	
	浇筑面修正值	—	—	—	—	—	—	—	—	—	
	浇筑面修正后	—	—	—	—	—	—	—	—	—	

续上表

项目 \ 测区号	1	2	3	4	5	6	7	8	9	10
碳化深度值 md(mm)	3.0	3.5	3.5	3.0	2.5	3.0	3.0	3.0	3.0	3.0
测区强度值 f_{ccu}(MPa)	24.8	25.1	24.4	26.5	29.6	29.6	24.4	21.8	23.3	26.2
强度计算(MPa) $n=10$	$m_{fcu}=25.6$			$S_{fcu}=2.51$			$f_{cu,e}=21.5$			
使用测区强度换算表名称	规程 JGJ/T 23—2001　地区　　专用　　备注									

测试:××　计算:××　　　　复核:××　计算日期:××××年××月××日

解:$m_{fcu}=\frac{1}{n}\sum_{i=1}^{n}f_{cu,i}$

$=0.1\times(24.8+25.1+24.4+26.5+29.6+29.6+24.4+21.8+23.3+26.2)=25.6(MPa)$

$$S_{fcu}=\sqrt{\frac{\sum_{i=1}^{n}(f_{cu,i})^2-n(m_{fcu})^2}{n-1}}=2.51(MPa)$$

$f_{cu}=m_{fcu}-1.645S_{fcu}=31.0-1.645\times2.21=2.51(MPa)$

答:该大厦三层柱混凝土强度推定值为 21.5MPa。

练习题

1. 试分析和易性不合格的混凝土应用于工程的危害。
2. 何为混凝土试件自然养护、标准养护、同条件养护?
3. 某组在制作混凝土强度试件时,发现拌合物过干,难以成型,便加入少量水搅拌后再成型,试分析对试验结果的影响。
4. 在进行混凝土强度实验时不允许刮平面受压,为什么?

第五章
建筑砂浆试验

【职业能力目标】

1. 使学生掌握建筑砂浆和易性试验、建筑砂浆立方体抗压强度试验的操作方法；
2. 作出合格与否的结论。

【学习要求】

1. 掌握建筑砂浆配合比实训的过程；
2. 掌握建筑砂浆现场质量控制的主要内容与方法。

项目一　建筑砂浆配合比

第一节　实训内容

砂浆配合比设计步骤为：

(1)按照已选择的原材料性能及对混凝土的技术要求进行初步计算，得出“初步计算配合比”($Q_{c0}:Q_{s0}:Q_{w0}$)。

(2)经过实验室试拌调整，得出“基准配合比”($Q_{c1}:Q_{s1}:Q_{w1}$)。

(3)经过强度检验，定出满足设计和施工要求并比较经济的“设计配合比”(也称试验室配合比 $Q_{c2}:Q_{s2}:Q_{w2}$)。

(4)根据现场砂子的实际含水率对试验室配合比进行调整，求出“施工配合比”($Q_{c3}:Q_{s3}:Q_{w3}$)。

第二节　取样方法及数量

(1)委托单位必须将原材料与砂浆配合比申请单一起送试。

(2)数量:申请少于 3 个等级送水泥 15kg,砂 20kg,掺合料 5kg;每增加一个强度等级,水泥增加 2kg,砂子 10kg, 掺合料 1kg。

第三节　实 训 报 告

一 砂浆配合比设计

(一)砂浆土配合比申请单

现场搅拌砂浆应有配合比申请单和配合比通知单。将采用的材料(前面实训结果)填入表 5-1 砂浆配合比申请单。

砂浆配合比申请单　　表 5-1

<table>
<tr><td colspan="3" rowspan="2">砂浆配合比申请单</td><td>编号</td><td></td></tr>
<tr><td>委托编号</td><td></td></tr>
<tr><td>工程名称</td><td colspan="4"></td></tr>
<tr><td>委托单位</td><td colspan="2"></td><td>试验委托人</td><td></td></tr>
<tr><td>砂浆种类</td><td colspan="2"></td><td>强度等级</td><td></td></tr>
<tr><td>水泥品种</td><td colspan="2"></td><td>厂别</td><td></td></tr>
<tr><td>水泥进场日期</td><td colspan="2"></td><td>试验编号</td><td></td></tr>
<tr><td>砂产地</td><td>粗细级别</td><td></td><td>试验编号</td><td></td></tr>
<tr><td>掺合料种类</td><td colspan="2"></td><td>外加剂种类</td><td></td></tr>
<tr><td>申请日期</td><td colspan="2">年　月　日</td><td>要求使用日期</td><td>年　月　日</td></tr>
</table>

(二)设计该水泥混合砂浆的初步配合比

1. 确定配制强度($f_{m,0}$)

(1)查表________,取 σ= ________MPa。

(2)$f_{cu,0}=f_{cu,k}+0.645\sigma$

2. 计算水泥用量 Q_c

(1)由于为混合砂浆,α=________,β=________。

(2)$Q_c=\dfrac{1000(f_{m,0}-\beta)}{\alpha f_{ce}}$

3. 计算石灰膏用量 Q_D

取 Q_A=________ kg/m³,则 $Q_D=Q_A-Q_C$=________________。

4. 砂用量 Q_S

$Q_S=\rho'_{0s}$=________ kg/m³。

5. 根据表________选择用水量为________ kg/m³

所以该砂浆试配配合比为:

$Q_C:Q_D:Q_S$=____________________。

(三)配合比的试配

按基准配合比试拌砂浆________L,其材料用量为:水泥:________(kg),水:________(kg),砂:________(kg),石灰膏:________(kg)。搅拌均匀后做和易性试验,测定其拌和物的稠度和分层度。

二 砂浆的稠度试验

(一)试验目的

(二)使用仪器和仪表的名称、型号和精度

(1)砂浆稠度仪:由____________三部分组成。

(2)钢制捣棒、秒表等。

(三)试验步骤

(1)盛浆容器和试锥表面用湿布擦干净,并用少量润滑油轻擦滑杆,后将滑杆上多余的油用吸油纸擦净,使滑杆能自由滑动。

(2)将砂浆一次装入容器,使砂浆表面低于容器口约________ mm 左右,用捣棒插捣次,然后轻轻地将容器摇动或敲击________下,使砂浆表面平整,随后将容器置于稠度测定仪的底座上。

(3)拧开试锥滑杆的制动螺丝,向下移动滑杆,当试锥尖端与砂浆表面刚

接触时，拧紧制动螺母。使齿条测杆下端刚接触滑杆上端，并将指针对准________上。

(4)拧开制动螺丝，同时计时间，待10s立即固定螺丝，将齿条测杆下端接触滑杆上端，刻度盘上读出下沉深度(精确至1mm)即为砂浆的稠度值。

(5)圆锥形容器内的砂浆，只允许测定一次稠度，重复测定时，应重新取样测定。

(四)结果计算与数据处理

(五)测定记录

将结果填入表5-2。

稠 度 记 录 表5-2

试样编号	1	2	平 均 值
砂浆的稠度(mm)			

三 砂浆分层度试验

(一)试验目的

(二)使用仪器和仪表的名称、型号和精度

(1)砂浆分层度筒：____________。

(2)砂浆稠度仪等。

(三)试验步骤

(1)首先将砂浆按前述稠度试验方法测定砂浆稠度。

(2)将砂浆一次装入分层度筒内，待装满后，用木锤在容器周围距离大致相等的四个不同地方轻轻敲击________下，如砂浆沉落到低于筒口，则应随时添加，然后刮去多余的砂浆并用抹刀抹平。

(3)静置________min后，去掉上节200mm砂浆，剩余的________砂浆倒出放在拌合锅内拌________，再按前述稠度试验方法测其稠度。前后测得的稠度之差即为该砂浆的分层度值。

(四)结果计算与数据处理

(五)测定记录

将结果填入表 5-3。

砂浆分层度测定记录　　表 5-3

试样编号	1	2	平均值
砂浆的分层度(mm)			

和易性能满足要求。所以将此配合比确定为砂浆的基准配合比。

四 建筑砂浆抗压强度试验——强度校正

试配时至少应采用三个不同的配合比,其中一个为基准配合比,另外两个的水泥用量一个比基准配合比中的水泥用量增加 10%,即:____________。

一个比基准配合比中的水泥用量减少 10%,即:____________。将用水量或掺加料用量作相应调整使和易性满足要求。

标准养护 28d 后,进行强度试验。

(一)试验目的

(二)使用仪器和仪表的名称、型号和精度

(三)试验步骤

1.试件制作及养护

2.抗压强度测定步骤

(1)先将试件擦干净,测量尺寸,并检查其外观。并据此计算试件的承压面积 A。

(2)将试件置于压力机的下压板上,试件的承压面应______,试件中心应与下压板中心对准。

(3)开动压力机,使接触面均衡受压。加荷应均匀而连续,加荷速度控制应为______,当试件接近破坏而开始迅速变形时,停止调整压力机油门,直至试件破坏,记录破坏荷载(F)。

(四)结果计算与数据处理

1.单个试件的抗压强度按下式计算(精确至0.1MPa)

$$f_{m,cu}=\frac{F}{A}=$$

2.确定设计配合比

根据上述三组水泥用量与其相对应的强度关系,计算(或作图)得出砂浆配制强度________对应的水泥用量为__________kg/m³。

则设计配合比为:$Q_C:Q_D:Q_S=$__________,将结果填入表5-4。

砂浆配合比通知单 表5-4

<table>
<tr><td colspan="3" rowspan="2">砂浆配合比通知单</td><td>配合比编号</td><td colspan="2"></td></tr>
<tr><td>试配编号</td><td colspan="2"></td></tr>
<tr><td>强度等级</td><td></td><td>试验日期</td><td colspan="3">年 月 日</td></tr>
<tr><td colspan="6">配合比</td></tr>
<tr><td>材料名称</td><td>水泥</td><td>砂</td><td>白灰膏</td><td>掺合料</td><td>外加剂</td></tr>
<tr><td>每立方米用量(kg/m³)</td><td></td><td></td><td></td><td></td><td></td></tr>
<tr><td>比例</td><td></td><td></td><td></td><td></td><td></td></tr>
<tr><td colspan="6">注:砂浆稠度为70~100mm,白灰膏稠度为120±5mm</td></tr>
<tr><td>批准</td><td></td><td>审核</td><td></td><td>试验</td><td></td></tr>
<tr><td>试验单位</td><td colspan="5"></td></tr>
<tr><td>报告日期</td><td colspan="5"></td></tr>
</table>

项目二 建筑砂浆现场质量控制

第一节 实训内容

一 建筑砂浆的质量检查

(1)水泥进场使用前,应分批对其强度、安定性进行复查。检验批应以同一生产厂家、同一编号为一批。

(2)砂浆用砂不得含有有害杂物。砂浆用砂的含泥量应满足下列要求:

①对水泥砂浆和强度等级不小于M5的水泥混合砂浆,不应超过5%;

②对强度等级小于M5的水泥混合砂浆,不应超过10%;

③人工砂、山砂及经试配能满足建筑砂浆技术条件要求。

(3)配制水泥石灰砂浆时,不得采用脱水硬化的石灰膏。

(4)消石灰粉不得直接使用于建筑砂浆中。

(5)拌制砂浆用水,水质应符合国家现行标准《混凝土拌合用水标准》(JGJ63)的规定。

(6)建筑砂浆应通过试配确定配合比。当建筑砂浆的组成材料有变更时,其配合比应重新确定。

(7)施工中当采用水泥砂浆代替水泥混合砂浆时,应重新确定砂浆强度等级。

(8)凡在砂浆中掺入有机塑化剂、早强剂、缓凝剂、防冻剂等,应经检验和试配符合要求后,方可使用。有机塑化剂应有砌体强度的型式检验报告。

二 质量检测要求

(1)砂浆现场拌制时,各组分材料应采用重量计量。

(2)砌筑砂浆应采用机械搅拌,自投料完算起,搅拌时间应符合下列规定:

①水泥砂浆和水泥混合砂浆不得少于2min;

②水泥粉煤灰砂浆和掺用外加剂的砂浆不得少于3min;

③掺用有机塑化剂的砂浆,应为3～5min。

(3)砂浆应随拌随用,水泥砂浆和水泥混合砂浆应分别在3h和4h内使用完毕;当施工期间最高气温超过30℃时,应分别在拌成后2h和3h内使用完毕。

注:对掺用缓凝剂的砂浆,其使用时间可根据具体情况延长。

(4)砌筑砂浆试块强度验收时其强度合格标准必须符合以下规定:

同一验收批砂浆试块抗压强度平均值必须大于或等于设计强度等级所对应的立方体抗压强度;同一验收批砂浆试块抗压强度的最小一组平均值必须大于或等于设计强度等级所对应的立方体抗压强度的0.75倍。

①砌筑砂浆的验收批,同一类型、强度等级的砂浆试块应不少于3组。当同一验收批只有一组试块时,该组试块抗压强度的平均值必须大于或等于设计强度等级所对应的立方体抗压强度。

②砂浆强度应以标准养护,龄期为28d的试块抗压试验结果为准。

抽检数量:每一检验批且不超过250m3砌体的各种类型及强度等级的砌筑

砂浆，每台搅拌机应至少抽检一次。

检验方法：在砂浆搅拌机出料口随机取样制作砂浆试块（同盘砂浆只应制作一组试块），最后检验试块强度试验、报告单。

(5)当施工中或验收时出现下列情况，可采用现场验收方法对砂浆和砌体强度进行原位检测或取样检测，并判定其强度：

①砂浆试块缺乏代表性或试块数量不足；

②对砂浆试块的试验结果有怀疑或有争议；

③砂浆试块的试验结果，不能满足设计要求。

三 关于砂浆质量等级的评定

砂浆试块试压后，应将试压报告按时间先后顺序装订在一起并编号及时登记在砌筑砂浆试块强度统计评定记录表中。进行统计，评定质量。

单位工程竣工后应对砂浆强度进行统计评定。砂浆强度按单位工程为同一验收批，参加评定的标准养护 28d 试块的抗压强度。

第二节 取样方法及数量

一 砌筑砂浆坍落度和混凝土强度试件的留置

砌筑砂浆以同一强度等级、同一配合比、同种原材料每一楼层（基础可按一个楼层计）为一取样单位，砌体超过 $250m^3$，以每 $250m^3$ 为一取样单位，余者亦为一取样单位。

每一取样单位标准养护试块的留置组数不得少于一组（每组六块），还应制作同条件养护试块，备用试块各一组。每组试块（标准试块、同条件试块、备用试块）的试样必须取自同一次拌制的砌筑砂浆拌合物。

施工中取样应在使用地点的移浆槽、砂浆运送车或搅拌机出料口，至少从三个不同部位集取，数量应多于试验用料的 1～2 倍。

二 试件制作

(1)试样要有代表性。

(2)在搅拌后第三盘至结束前 30min 之间取样。

(3)每组试件（包括同条件养护、备用试块）应取自同盘砂浆，应在浇筑地点制作试块，标准养护试块拆模后，应立即送标准养护试验室。

第三节 实训报告

一、砂浆沉入度试验（同项目一）

二、砂浆分层度试验（同项目一）

三、砂浆立方体抗压强度试验（同项目一）

1. 计算砂浆立方体试件抗压强度，将计算结果填入表 5-5

砂浆抗压强度实验报告　　表 5-5

砂浆抗压强度实验报告					编号			
					试验编号			
					委托编号			
工程名称及部位					试件编号			
委托单位					试验委托人			
砂浆种类			强度等级		稠度			
水泥品种及强度等级					试验编号			
砂产地及种类					试验编号			
掺合料种类					外加剂种类			
配合比编号								
试件成型日期			要求龄期		(d)		要求试验日期	
养护方法			试件收到日期				试件制作人	
试验结果	试压日期	实际龄期(d)	试件边长(mm)	受压面积(mm^2)	荷载(kN)		抗压强度(MPa)	达设计强度等级(%)
					单块	平均		

续上表

砂浆抗压强度实验报告			编号		
			试验编号		
			委托编号		

结论：

批准		审核		试验	
试验单位					
报告日期					

2.强度平均值、标准差(全班数据)

1)平均值 $f_{2,m}$。

$$f_{2,m}=\frac{1}{n}\sum_{i=1}^{n}f_i$$

2)最小值 $f_{2,min}$。

$$f_{2,min}=$$

3)0.75f_2。

$$f_2=$$

3.砌筑砂浆强度的合格评定

按统计方法评定砌筑砂浆强度时，其强度应同时满足下列要求：

(1)同品种、同强度等级砂浆各组试块的平均强度不小于强度标准值 f_2。

(2)任意一组试块的强度不小于 0.75f_2。

4.将计算结果填入表 5-6：

砌筑砂浆试块强度统计、评定记录 表 5-6

砌筑砂浆试块强度统计、评定记录			编号		
工程名称			强度等级		
施工单位			养护方法		
统计期	年 月 日至 年 月 日		结构部位		
试块组数 n	强度标准值 f_2 (MPa)	平均值 $f_{2,m}$ (MPa)	最小值 $f_{2,min}$ (MPa)	0.75f_2	

续上表

砌筑砂浆试块强度统计、评定记录							编号			
每组强度值（MPa）										
判定式	$f_{2,m} \geqslant f_2$						$f_{2,min} \geqslant 0.75 f_2$			
结果										

结论：

批准	审核	统计
报告日期		

试 验 评 分 表

组号：

序号	作业项目	考核内容	分数	评分标准	扣分	得分	扣分原因
1	预习	试验目的	5	目的未填写5分			
		试验主要仪器	5	主要仪器未填写扣3～5分			
		试验步骤	5	操作未填写扣5分			
2	试验操作	操作水平	35	操作每错或少一步扣5分 读数不正确扣5分			
3	成果整理	测定数据	20	无数据扣20分			
		计算过程	10	无计算过程扣10分			
		结论与总结	10	无结论扣10分			
4	结束工作	整理现场	5	未打扫扣5分，不彻底扣1～2分			
5	安全文明操作		5	有仪器损坏扣3分 有安全事故扣5分			
6	总分						

指导老师：

本章小结

确定或检验砂浆拌和物的和易性，是浇筑前对砂浆的检验，对后期的砂浆强度有很大影响。砂浆试件抗压强度统计评定是施工质量与水平评定的重要组成部分。

小知识

有强度要求的砌筑砂浆才作上述试验，其他如装饰砂浆是不做的。

练习题

1. 进行砂浆分层度试验时，静置时间过长对试验结果有无影响？
2. 测定砌筑砂浆抗压强度时，为什么要用无底试模？
3. 为什么水泥混合砂浆和水泥砂浆强度试件养护时的相对湿度要求不同？

第六章 砖实训

【职业能力目标】

1. 通过本章的实训使学生能独立完成实心粘土砖的所有试验操作；
2. 对实心粘土砖合格与否做出正确判定的能力；
3. 填写和审阅试验报告的能力。

【学习要求】

熟悉现行标准中对各种砖与砌块的主要技术要求。

第一节 实训内容

一 砖验收检验的基本内容

常见砖与砌块试验项目内容如表6-1，本教材的实训以实心粘土砖为主。

砖试验项目 表6-1

材料名称	试验项目	
	必试	选做
1.烧结普通砖	抗压强度	抗风化、泛霜、石灰爆裂、吸水率
2.烧结多孔砖	抗压强度、抗折强度	冻融、泛霜、石灰爆裂、吸水率
3.烧结空心砖(非承重)空心砌块	抗压强度(大条面)	密度、冻融、泛霜石灰爆裂、吸水率
4.非烧结普通砖	抗压强度、抗折强度	抗冻性、吸水率、耐水性

续上表

材料名称	试验项目	
	必试	选做
5.粉煤灰砖	抗压强度	抗折强度、干燥收缩、抗冻
6.粉煤灰砌块	抗压强度	密度、炭化、抗冻、干缩
7.蒸压灰砂砖	抗压强度	密度、抗冻
8.蒸压灰砂空心砖	抗压强度	密度、抗冻

二 试验项目与实训项目

(一)试验项目

试验项目具体内容详见主教材试验部分。

(二)实训项目

选做项目简介如下：

1. 抗折强度和抗压强度试验

1)仪器设备。

(1)材料试验机。试验机的示值相对误差不大于±1%，其下加压板应为球绞支座，预期最大破坏荷载应在量程的20%～80%之间。

(2)抗折夹具。抗折试验的加荷形式为三点加荷，其上压辊和下支辊的曲率半径为15mm，下支辊应有一个为绞接固定。

(3)抗压制备平台。试件制备平台必须平整水平，可用金属或其他材料制作。

(4)水平尺。规格为250～300mm。

(5)钢直尺。分度值为1mm。

2)抗折强度(荷重)试验。

(1)试样。①试样数量：烧结砖和蒸压灰砂砖为5块，其他砖为10块。②蒸压灰砂砖应放在温度为20±5℃的水中浸泡24h后到出，用湿布拭去其表面水分进行抗折强度试验。③粉煤灰砖和炉渣砖在养护结束后24～36h内进行试验。④烧结砖不需浸水及其他处理，直接进行试验。

(2)试验步骤：①测量试样的宽度和高度尺寸各2个，分别取其算术平均值，精确至1mm。②调整抗折夹具下支辊的跨距为砖规格长度减去40mm。但规格长度为190mm的砖，其跨距为160mm。③将试样大面平放在下支辊上，试样两端面与下支辊的距离应相同，当试样有裂缝或凹陷时，应使有裂缝或凹陷的大面朝下，以 50～150N/s 析速度均匀加荷，直至试样断裂，记录最大破坏荷载 P。

(3)结果计算与评定：每块多孔砖试样的抗折荷重以最大破坏荷载乘以换算系数计算，精确至 0.1kN。

每块试样的抗折强度 f 按式(6-1)计算，精确至 0.1MPa；

$$f_{弯} = \frac{3pl}{2bh^2} \tag{6-1}$$

式中：$f_{弯}$——抗弯强度(MPa)；

p——弯曲破坏时最大集中荷载(N)；

l——两支点间距离(mm)；

b、h——试件截面的宽与高(mm)。

试验结果以试样抗折强度或抗折荷重的算术平均值和单块最小值表示，精确至 0.1MPa 或 0.1kN。

3)其它砖抗压强度试验。

(1)试样。①试样数量：烧结多孔砖和蒸压灰砂砖为 5 块，其他砖为 10 块(空心砖大面和条面抗压各 5 块)。②非烧结砖也可用抗折强度试验后的试样作为抗压强度试样。

(2)试件制备。①多孔砖以单块整砖沿竖孔方向加压，空心砖以单块整砖沿大面和条面方向分别加压。②试件制作采用坐浆法操作。即将玻璃板置于试件制备平台上，其上铺一张湿的垫纸，纸上铺一层厚度不超过 5mm 的用 32.5 或 42.5 普通硅酸盐水泥制成稠度适宜的水泥净浆，再将在水中浸泡 10～20min 的试样平稳地将受压面坐放在水泥浆上，在另一受压面上稍加压力，使整个水泥层与砖受压面相互粘结，砖的侧面应垂直于玻璃板。待水泥浆适当凝固后，连同玻璃板翻放在另一铺纸放浆的玻璃板上，再进行坐浆，用水平尺校正好玻璃板的水平。③非烧结砖。将同一块试样的两半截砖断口相反叠放，叠合部分不得小平 100mm。即为抗压强度试件。如果不足 100mm 时，则应剔除另取备用试样补足。

(3)试件养护。①制成的抹面试件应置于不低于 10℃ 的不通风室内养护 3d，再进行试验。②非烧结砖试件，不需养护，直接进行试验。

(4)试验步骤，同普通粘土砖。

(5)试验结果以试样抗压强度的算术平均值和单块最小值表示，精确至 0.1MPa。

2. 冻融试验

1)仪器设备。

(1)低温箱或冷冻室:放入式样后箱(室)内温度可调至－20℃或－20℃以下。

(2)水槽,保持槽中水温－10～－20℃为宜。

(3)台秤,分度值 5g。

(4)电热鼓风干燥箱:最高温度 200℃。

2)试样数量。

(1)试样数量应符合表的规定。试验结果以抗压强度表示时,试样数量为 10 块。

(2)用毛刷清理试样表面,并顺序编号。

3)试验步骤。

(1)用毛刷清理试样表面。将试样放入鼓风干燥箱中在 105～110℃下干燥至恒量(在干燥过程中,前后两次称量相差不超过 0.2%,前后两次称量时间间隔为 2h),称其质量 G_0,并检查外观,将缺棱掉角和裂纹作标记。

(2)将试样浸在 10～20℃的水中,24h 后取出,用湿布拭去表面水分,以大于 20mm 的间距大面侧向立放于预先降温至－15℃以下的冷冻箱中。

(3)当箱内温度再降至－15℃时开始计时,在－15～－20℃下冰冻:烧结砖冻 3h,非烧结砖冻 5h,如此为一次冻融循环。

(4)每 5 次冻融循环,检查一次冻融过程中出现的破坏情况,如冻裂、缺棱、掉角、剥落等。

(5)冻融过程中,发现试样的冻坏超过外观规定时,应继续试验至 15 次冻融循环结束为止。

(6)15 次冻融循环后,检查并记录试样在冻融过程中冻裂长度,缺棱掉角和剥落等破坏情况。

(7)经 15 次冻融循环后的试样,放入鼓风干燥箱中干燥至恒量,称其质量 G_1。烧结砖若未发现冻坏现象,则可不进行干燥称量。

(8)将干燥后的试样(非烧结砖再在 10～20℃的水中浸泡 24h)按规定进行抗压强度试验。

(9)各砌墙砖可根据其产品标准要求进行其中部分试验。

4)结果计算与评定。

(1)外观结果:15 次冻融循环后,检查并记录试样在冻融过程中的冻裂长度、缺棱掉角和剥落等破坏情况。

(2)强度损失率 P 按式(6-2)计算,精度至 0.1%。

$$P = \frac{P_0 - P_1}{P_0} \times 100\% \tag{6-2}$$

式中：P——强度损失率，%；

P_0——试样冻融前强度，单位为兆帕(MPa)；

P_1——试样冻融后强度，单位为兆帕(MPa)。

(3)质量损失率(G)按式(6-3)计算，精度至0.1%。

$$G = \frac{G_0 - G_1}{G_0} \times 100\% \tag{6-3}$$

式中：G——质量损失率，%；

G_0——试样冻融前干质量，单位为克(g)；

G_1——试样冻融后干质量，单位为克(g)。

(4)试验结果以试样抗压强度、抗压强度损失率、外观质量或质量损失率表示与评定。

3. *石灰爆裂*

1)仪器设备。

(1)蒸煮箱。

(2)钢直尺，分度值为1mm。

2)试样。

(1)试样为未经雨淋或浸水、且近期生产的砖样，数量为5块。

(2)普通砖用整砖砖，多孔砖可用1/4块，空心砖用1/4块试验。多孔砖、空心砖试样可以用孔洞率测定或体积密度试验后的试样锯取。

(3)试验前检查每块试样，将不属于石灰爆裂的外观缺陷作标记。

3)试验步骤。

(1)将试样平行侧立于蒸煮箱内的篦子板上，试样间隔不得小于50mm，箱内水面应低于篦上板40mm。

(2)加盖蒸6h后取出。

(3)检查每块试样上因石灰爆裂(含试验前已出现的爆裂)而造成的外观缺陷，记录其尺寸(mm)。

4)结果评定。

以每块试样石灰爆裂区域的尺寸表示。

4. *泛霜*

1)仪器设备。

(1)鼓风干燥箱。

(2)耐腐蚀的浅盘5个,容水深度25~35mm。

(3)能盖住浅盘的透明材料5张,在其中间部位开有大于试样宽度、高度或长度尺寸5~10mm的矩形孔。

(4)干、湿球温度计或其他温、湿度计。

2)试样。

(1)试样数量为5块。

(2)普通砖、多孔砖用整砖,空心砖用1/2块,可以用体积密度试验后的试样从长度方向的中间处锯取。

3)试验步骤。

(1)将粘附在试样表面的粉刷掉并编号,然后放入105~110℃的鼓风干燥箱中干燥24h,取出冷却至常温。

(2)将试样顶面或有孔洞的面朝上分别置于5个浅盘中,往浅盘中注入蒸馏水,水面高度不低于20mm,用透明材料覆盖在浅盘上,并将试样暴露在外面,记录时间。

(3)试样浸在盘中的时间为7d,开始2d内经常加水以保持盘内水面高度,以后则保持浸在水中即可。试验过程中要求环境温度为16~32℃,相对湿度30%~70%。

(4)7d后取出试样,在同样的环境条件下放置4d。然后在105~110℃的鼓风干燥箱中连续干燥24h。取出冷却至常温。记录干燥后的泛霜程度。

(5)7d后开始记录泛霜情况,每天一次。

4)结果评定。

(1)泛霜程度根据记录以最严重者表示。

(2)泛霜程度划分如下:

无泛霜:试样表面的盐析几乎看不到。

轻微泛霜:试样表面出现一层细小明显的霜膜,但试样表面仍清晰。

中等泛霜:试样部分表面或棱角出现明显霜层。

严重泛霜:试亲表面出现起砖粉、掉屑及脱皮现象。

5.吸水率和饱和系数试验

1)仪器设备。

(1)鼓风干燥箱。

(2)台秤,分度值为5g。

(3)蒸煮箱。

2)试样。

(1)试样数量为5块。

(2)普通砖用整块,多孔砖可用1/2块,空心砖用1/4块试验。空心砖试样可从体积密度试验后的试样上锯取。

3)试验步骤。

(1)清理试样表面,并注写编号,然后置于105～10℃鼓风干燥箱中干燥至恒量,除去粉尘后,称其干质量G_0。

(2)将干燥试样浸水24h,水温10～0℃。

(3)取出试样,用湿毛由拭去表面水分,立即称量,称量时试样毛细孔渗出于秤盘中水的质量亦应计入吸水质量中,所得质量为浸泡24h的湿质量G_{24}。

(4)将浸泡24h后的湿试样侧立放入蒸煮箱的篦子板上,试样间距不得小于10mm,注入清水,箱内水面应高于试样表面50mm,加热至沸腾,沸煮3h;做饱和系数试验时,煮沸5h,停止加热,冷却至常温。

(5)按(3)步骤,称量沸煮3h的湿质量G_3和沸煮5h的湿质量G_5。

4)结果计算与评定。

(1)常温水浸泡24h试样吸水率W_{24}按式(6-4)计算,精确至0.1%:

$$W_{24}=\frac{G_{24}}{G_0}\times 100\% \tag{6-4}$$

式中:W_{24}——常温水浸泡24h试样吸水率,%;

G_0——试样干质量,g;

G_{24}——试样浸水24h的湿质量,g。

(2)试样沸煮3h吸水率W_3按式(6-5)计算,精确至0.1%:

$$W_3=\frac{G_3-G_0}{G_0}\times 100\% \tag{6-5}$$

式中:W_3——试样沸煮3h吸水率,%;

G_3——试样沸煮3h的湿质量,g;

G_0——试样干质量,g。

(3)每块试样的饱和系数K按式(6-6)计算,精确至0.01:

$$K=\frac{G_{24}-G_0}{G_5-G_0}\times 100 \tag{6-6}$$

式中:K——试样饱和系数;

G_{24}——常温水浸泡24h试样湿质量,g;

G_0——试样干质量,g;

G_5——试样沸煮5h的湿质量,g。

(4)吸水率以 5 块试样的算术平均值表示,精确至 1%;饱和系数以 5 块试样的算术平均值表示,精确至 0.01。

三 质量等级的评定

检验(含复检)后,各项性能指标都符合本标准的相应类别时,可判为该产品合格。

技术要求中若有一项性能指标不符合本标准要求时,则应从同一批产品中加倍取样,对不符合标准要求的项目进行复检。复检后,该项指标符合本标准要求时,可判该类产品合格,仍然不符合本标准要求时,则该批产品判为不合格。

第二节　取样方法及数量

一 组批规则

砌墙砖应以同一产地、同一规格组批。具体规定如表 6-2:

砌墙砖组批原则与取样规定　　表 6-2

材料名称	组批原则	取样规定
1.烧结普通砖	1.每 15 万块为一验收批,不足 15 万块也按一批计	2.每一验收批随机抽取试样一组(10 块)
2.烧结多孔砖	1.每 3.5 万块—15 万块为一验收批,不足 3.5 万块也按一批计	
3.烧结空心砖(非承重)空心砌块	1.每 3 万块为一验收批,不足 3 万块也按一批计	2.每一验收批随机抽取试样一组(5 块)
4.非烧结普通砖	1.每 5 万块为一验收批,不足 5 万块也按一批计	2.每一验收批随机抽取试样一组(10 块)
5.粉煤灰砖	1.每 10 万块为一验收批,不足 10 万块也按一批计	2.每一验收批随机抽取试样一组。(20 块)
6.蒸压灰砂砖		2.每一验收批随机抽取试样一组。(10 块)
7.蒸压灰砂空心砖		2.从外观合格的砖样中,用随机抽取法抽取 2 组 10 块(NF 砖为 2 组 20 块)进行抗压强度试验和抗冻性试验

注:NF 为规格代号,尺寸为 240×115×53。

二 取样方法

(1)按预先确定好的抽样方案在成品堆垛中随机抽取。

(2)试件的外观质量必须符合成品的外观指标。

(3)若对试验结果有怀疑时,可加倍抽取试样进行复试。

第三节 实训报告

试验日期:______年______月______日　班组:______姓名:______

试验室温度:____________℃　砖的种类:____________

一 尺寸偏差检测

(一)试验目的

(二)使用仪器和仪表的名称、型号和精度

专用卡尺。

(三)试样制备

检验样品数为______块,其中每一尺寸测量不足 0.5mm 的按 0.5mm 计,每一方向尺寸以______测量值的算术平均值表示。

(四)试验步骤

长度应在砖的两个大面的中间处分别测量______尺寸;宽度应在砖的两个大面的______处分别测量两个尺寸;高度应在两个条面的中间处分别测量______尺寸。当被测处有缺损或凸出时,可在其旁边测量,但应选择一侧。

(五)结果计算与数据处理

砌墙砖尺寸偏差　表 6-3

试样编号	1	2	3	4	5	6	7	8	9	10	平均值

二 外观质量检查

(一)试验目的

(二)使用仪器和仪表的名称、型号和精度

专用卡尺,分度值为______。

钢直尺,分度值为______。

(三)试样制备

检验样品数为______块,其中每一尺寸测量不足 0.5mm 的按 0.5mm 计,每一方向尺寸以测量值的算术平均值表示。

(四)试验步骤

1. 缺损

缺棱掉角在砖上造成的破损程度,以破损部分对____________三个棱边的投影尺寸来度量,称为破坏尺寸。缺损造成的破坏面,系指缺损部分对____________________的投影面积。

2. 裂纹

裂纹分为__________________________三种,以被测方向的____________________________表示。如果裂纹从一个面延伸至其它面上时,则累计其延伸的投影长度。

3. 弯曲

弯曲分别在______和______上测量,测量时将砖用卡尺的两支脚沿棱边两端放置,择其弯曲______将垂直尺推至砖面,但不应将因杂质或碰伤造成的凹处计算在内。以弯曲中测得的______作为测量结果。

4. 杂质凸出高度

杂质在砖面上造成的凸出高度,以____________________________的最大距离表示。测量时将砖用卡尺的两支脚置于凸出两边的砖平面上,以垂直尺测量。

(五)结果计算与数据处理

砌墙砖外观质量　　表 6-4

试样编号	1	2	3	4	5	6	7	8	9	10
缺损										
裂纹										
弯曲										
杂质凸出高度										

三 抗压强度试验

(一)试验目的

(二)使用仪器和仪表的名称、型号和精度

1)材料试验机

试验机的示值相对误差不大于______%,其下加压板应为球绞支座,预期最大破坏荷载应在量程的______%之间。

2)抗压制备平台:________________________________。

3)水平尺:______________________________。

4)钢直尺:______________________________。

(三)试样制备

1.试样数量:烧结普通砖、烧结多孔砖和蒸压灰砂砖为 5 块,其他砖为 10 块(空心砖大面和条面抗压各 5 块)。

2.试件制备

(1)将试样切断或锯成两个半截砖,断开的半截砖长不得小于______,如果不足______,应另取备用试件补足。

(2)试件制备平台上,将已断开的半截砖放入室温的净水中浸______后取出,并以断口相反方向叠放,两者中间抹以厚度不超过______的用强度等级为 32.5 或 42.5 的普通硅酸盐水泥调制的稠度适宜的______来粘结,上下两面用厚度不超过______

的同种水泥浆抹平。制成的试件上下两面须相互平行,并垂直于______。

3. 试件养护

普通制样法制成的抹面试件应置于不低于______的不通风室内养护______再进行试验。

(四)试验步骤

(1)测量每个试件连接面或受压面的长、宽尺寸各______,分别取其平均值,精确至______。

(2)将试件平放在加压板的______,垂直于受压面加荷,应均匀平稳,不得发生冲击或振动。加荷速度以______为宜,直至试件破坏为止,记录最大破坏荷载 P。

(五)结果计算与数据处理

砌墙砖抗压强度 表 6-5

试 样 编 号	最大破坏荷载 P(N)	抗压强度(MPa)
1		
2		
3		
4		
5		
6		
7		
8		
9		
10		
抗压强度平均值 f_m		

1. 每块试件的抗压强度计算(精确至 0.1MPa)

$$f_{m,i}=$$

2. 抗压强度平均值 f_m

3. 计算出强度变异系数 δ、标准差 s

$$\delta=\frac{s}{f_m}=s=\sqrt{\frac{\sum_{i=1}^{n}f_{m,i}^2-n\overline{f}_m^2}{9}}=$$

变异系数 $\delta \leqslant 0.21$ 时，按抗压强度平均值 f_m、强度标准值 f_k 指标评定砖的强度等级。样本量 $n=10$ 时的强度标准值按下式计算：

$$f_k = f_m - 1.8s =$$

将计算结果填入表 6-6 砖(砌块)试验报告。

砖(砌块)试验报告 表 6-6

<table>
<tr><td colspan="4" rowspan="3">砖(砌块)试验报告</td><td>编号</td><td></td></tr>
<tr><td>试验编号</td><td></td></tr>
<tr><td>委托编号</td><td></td></tr>
<tr><td>工程名称</td><td colspan="3"></td><td>试件编号</td><td></td></tr>
<tr><td>委托单位</td><td colspan="3"></td><td>试验委托人</td><td></td></tr>
<tr><td>种类</td><td colspan="3"></td><td>生产厂</td><td></td></tr>
<tr><td>强度等级</td><td></td><td>密度等级</td><td></td><td>代表数量</td><td></td></tr>
<tr><td>试件处理日期</td><td></td><td>来样日期</td><td></td><td>试验日期</td><td></td></tr>
</table>

<table>
<tr><td rowspan="15">试验结果</td><td colspan="8">烧结普通砖</td></tr>
<tr><td rowspan="2">抗压强度平均值 f_m(MPa)</td><td colspan="5">变异系数 δ≤0.21</td><td colspan="2">变异系数 δ>0.21</td></tr>
<tr><td colspan="5">强度标准值 f_k(MPa)</td><td colspan="2">单块最小强度值 f_{min}(MPa)</td></tr>
<tr><td colspan="8">轻集料混凝土小型空心砌块</td></tr>
<tr><td colspan="6">砌块抗压强度(MPa)</td><td colspan="2" rowspan="2">砌块干燥表观密度(kg/m³)</td></tr>
<tr><td>平均值</td><td colspan="5">最小值</td></tr>
<tr><td></td><td colspan="5"></td><td colspan="2"></td></tr>
<tr><td colspan="8">其他种类</td></tr>
<tr><td colspan="8"></td></tr>
<tr><td colspan="6">抗压强度(MPa)</td><td colspan="2">抗折强度(MPa)</td></tr>
<tr><td rowspan="2">平均值</td><td rowspan="2">最小值</td><td colspan="2">大面</td><td colspan="2">条面</td><td rowspan="2">平均值</td><td rowspan="2">最小值</td></tr>
<tr><td>平均值</td><td>最小值</td><td>平均值</td><td>最小值</td></tr>
<tr><td></td><td></td><td></td><td></td><td></td><td></td><td></td><td></td></tr>
</table>

结论：

<table>
<tr><td>批准</td><td></td><td>审核</td><td></td><td>试验</td><td></td></tr>
<tr><td>试验单位</td><td colspan="5"></td></tr>
<tr><td>报告日期</td><td colspan="5"></td></tr>
</table>

试 验 评 分 表

组号：

序号	作业项目	考核内容	分数	评 分 标 准	扣分	得分	扣分原因
1	预习	试验目的	5	目的未填写扣5分			
		试验主要仪器	5	主要仪器未填写扣3～5分			
		试验步骤	5	操作未填写扣5分			
2	试验操作	操作水平	35	操作每错或少一步扣5分读数不正确扣5分			
3	成果整理	测定数据	20	无数据扣20分			
		计算过程	10	无计算过程扣10分			
		结论与总结	10	无结论扣10分			
4	结束工作	整理现场	5	未打扫扣5分，不彻底扣1～2分			
5	安全文明操作		5	有仪器损坏扣3分有安全事故扣5分			
6	总分						

指导老师：

本章小结

本章介绍了砌墙砖的主要试验方法。

小知识

红砖已被灰砂砖及加气混凝土砌块等取代。但某些使用工业废料的墙体材料可能会有放射性超标的问题，需要到当地技术监督机构予以测定。

练习题

1. 实心粘土砖的抗压强度试件制作与免烧砖有何区别？

2. 为何抗压强度试件在质量含水率为25％～45％下进行试验，而不在全干状态下试验？

3. 红砖与加气混凝土在性能上有何优势及劣势？

第七章 钢筋试验

【职业能力目标】

1. 通过本章的实训使学生能独立完成钢材验收检验的所有试验操作；
2. 对钢材合格与否做出正确判定的能力；
3. 填写和审阅试验报告的能力。

【学习要求】

熟悉现行标准中对各种钢材的主要技术要求。

项目一 钢材验收检验

第一节 实训内容

一 钢材验收检验的基本内容

（一）一般规定

钢筋从钢厂发出时，应具有出厂质量证明书或试验报告单。每捆（盘）钢筋均应有标牌。钢筋进场时应按炉罐（批）号及直径分批验收，每批重量不超过 60t。

（1）钢筋出厂质量合格证和试验报告单应及时整理，试验单填写做到字迹清楚，项目齐全、准确、真实，且无未了事项。

(2)钢筋出厂质量合格证和试验报告单不允许涂改、伪造、随意抽撤或损毁。

(3)钢筋质量必须合格，应先试验后使用，有出厂质量合格证或试验单。需采取技术处理措施的，应满足技术要求并经有关技术负责人批准后，方可使用。

(4)合格证、试(检)验单或记录单的抄件(复印件)应注明原件存放单位，并有抄件人、抄件(复印)单位的签字和盖章。

(5)钢筋应有出厂质量证明书或试验报告单，并按有关标准的规定抽取试样作机械性能试验。进场时应按炉罐(批)号及直径分批检验，查对标志、外观检查。

(6)下列情况之一者，还必须做化学成分检验：

①无出厂证明书或钢种钢号不明的；

②有焊接要求的进口钢筋；

③在加工过程中，发生脆断、焊接性能不良和机械性能显著不正常的。

(7)有特殊要求的，还应进行相应专项试验。

(8)集中加工的钢筋，应有由加工单位出具的出厂证明及钢筋出厂合格证和钢筋试验单的抄件。

(二)验收内容

验收内容包括查对标牌、外观检查，并按技术标准的规定抽取试样作力学性能试验，检验合格后方可使用。

1. 钢筋出厂质量合格证的验收

钢筋进场时，应检验由钢筋生产厂质量检验部门提供的质量合格证，如表7-1所示。

钢筋质量合格证　　表7-1

钢种	钢号	规格	数量	化学成分(%)						机械性能			
				碳	硅	锰	磷	硫		屈服点(MPa)	抗拉强度(MPa)	伸延率(%)	冷弯

供应单位：　　备注：　　厂检验部门　　签章

日　　期　　年　月　日

钢筋质量合格证上备注栏内由施工单位填明单位工程名称、工程使用部位，如钢筋在加工厂集中加工，其出厂证及试验单应转抄给使用单位。

钢筋进场，经外观检查合格后，由技术员、材料采购员、材料保管员分别在合格证上签字，注明使用工程部位后交资料员保管。合格证应放入材质与产品检验卷内，在产品合格证分目录表上填好相应项目。

2.外观质量检查

(1)钢筋应逐批检查其尺寸，不得超过允许偏差。

(2)逐批检查，钢筋表面不得有裂缝、折叠、结疤、耳子、分层及夹杂，盘条允许有压痕及局部的凸块、凹块、划痕、麻面，但其深度或高度(从实际尺寸算起)不得大于0.2mm，带肋钢筋表面凸块不得超过横肋高度，钢筋表面上其他缺陷的深度和高度不得大于所在部位尺寸的允许偏差，冷拉钢筋不得有局部缩颈。

(3)钢筋表面氧化铁皮(铁锈)重量不大于16kg/t。

(4)带肋钢筋表面标志清晰明了，标志包括强度级别、厂名(汉语拼音字头表示)和直径(mm)数字。

3.力学性能检查

按技术标准的规定抽取试样作力学性能试验，力学性能试验应以每批钢筋中任选两根钢筋，每根取两个试样分别进行拉伸试验和冷弯试验。

(三)质量评定

任何检验如有一项试验结果不符合标准要求，则从同一批中任取双倍数量的试样，进行该不合格项目的复检，复检结果如有一个指标不合格，该批钢材评定为不合格，不得用于建设工程中。

二 试验项目与实训项目

(一)试验项目

试验项目具体内容详见主教材试验部分。

(二)实训项目

冷弯试验。

1.试验目的

主要用来测定金属材料相关产品弯曲塑性变形能力。

2.主要仪器

(1)万能试验机或压力机。

(2)具有不同直径的弯心,其宽度应大于试件的直径和宽度。

(3)具有足够硬度的支承辊,其长度应大于试件的直径和宽度,支承辊间的距离可以调节。

3.试验方法

1)试样准备。

钢筋冷弯试件不得进行车削加工,试样长度通常按下式确定:

$$L \approx 5\alpha + 150 \quad (7\text{-}1)$$

式中:α——试件原始直径,mm。

2)规定角度弯曲试验。

将试样放在两支辊上,试样轴线应与弯曲压头轴线垂直,弯曲压头在两支座之间的中点处对试样连续施加力使试样弯曲,直到规定的角度。如不能直接达到规定的弯曲角度,应将试样置于两平行压板之间,连续施加压力使其两端进一步弯曲,直到规定的弯曲角度,如图 7-1a)所示。

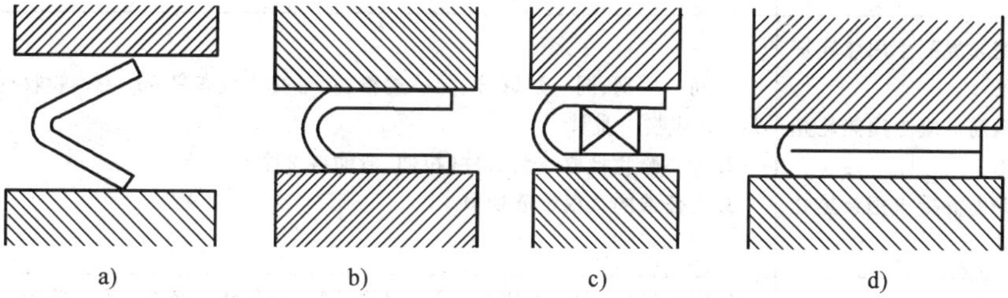

图 7-1 钢筋冷弯试验示意图

a)弯曲至规定角度;b)、c)弯曲至 180°;d)弯曲至两面重合

3)180°角弯曲试验。

采用支辊式弯曲装置时,首先对试样进行初步弯曲(弯曲角度尽可能大),然后将试样置于两平行压板之间,连续施加力直到两臂互相平行。试验时可加或不加垫块。除非产品标准中另有规定,垫块厚度等于规定的弯曲压头直径;采用翻板式弯曲装置时,在力作用下不改变力的方向,弯曲直到 180°,如图 7-1b)、c)所示。

4)两面重合弯曲试验。

首先将试样进行初步弯曲(弯曲角度尽可能大),然后将试样置于两平行压板之间,连续施加力压其两端使进一步弯曲,直到两臂直接接触,如图 7-1d)所示。

4. 试验结果及评定

弯曲后,根据有关标准规定检查试样弯曲外表面,若无裂纹、起皮、裂缝或断裂,则评定试样冷弯性能合格。

第二节 取样方法及数量

一 钢筋组批原则及取样规定

表 7-2

材料名称	组批原则及取样规定
1. 碳素结构钢	同一厂别、同一炉罐号、同一规格、同一交货状态每 60t 为一验收批,不足 60t 也按一批计 每一验收批取一组试件(拉伸、弯曲各 1 个)
2. 钢筋混凝土用热轧带肋钢筋 3. 钢筋混凝土用热轧光圆钢筋 4. 钢筋混凝土用余热处理钢筋	1. 同一厂别、同一炉罐号、同一规格、同一交货状态每 60t 为一验收批,不足 60t 也按一批计 2. 每一验收批取一组试件(拉伸、弯曲各 2 个) 3. 在任选的 2 根钢筋切取
5. 低碳钢热轧圆盘条	1. 同一厂别、同一炉罐号、同一规格、同一交货状态每 60t 为一验收批,不足 60t 也按一批计 2. 每一验收批取一组试件(拉伸 1 个、弯曲 2 个)(取自不同盘)
6. 冷轧带肋钢筋	1. 同一牌号、同一外型、同一生产工艺,同一交货状态每 60t 为一验收批,不足 60t 也按一批计 2. 每一验批取拉伸试件 1 个(逐盘),弯曲试件 2 个(每批)松他试件 1 件(定期) 3. 在每任盘中的任意一盘中任意一端截取 500mm 后切取
7. 冷轧扭钢筋	1. 同一牌号、同一规格尺寸、同一台轧机、同一台班每 10t 为一验收批,不足 10t 也按一批计 2. 每一验批取弯曲试件 1 个、拉伸试件 2 个,重量、节距、厚度各 3 个

续上表

材料名称	组批原则及取样规定
8.预应力混凝用钢丝	1.同一牌号、同一规格、同一生产工艺制度的钢丝组成,每批重量不大于60t 2.钢丝的检验应按(GB/T 2103)的规定执行,在每盘钢丝的两端取样,进行抗拉强度弯曲和伸长率的试验。每次至少3根
9.中强度预应混凝土用钢丝	1.钢丝应成批验收,每批由同一牌号、同一规格、同一强度等级、同一生产工艺制度的钢丝组成。每批重量不大于60t 2.在每盘钢丝的两端取样进行抗拉强度、屈服强度和松驰率实验每季度抽验一次,伸长率、反复弯曲的检验 3.屈服强度与松弛率,每季度抽检一次,每次不少于3根
10.预应力混凝土用钢棒	1.钢棒应成批验收,每批由同一牌号、同一外形、同一公称截面尺寸、同一热处理制度加工的钢棒组成 2.不论交货状态是盘卷或直条,试件均在端部取样,各试验项目取样数量均为1根 3.批量划分按交货状态和公称直径而定(盘条:<13mm,批量为<5盘);(直条:<13mm,批量为<1000条;13～26mm,批量为<200条;>26mm,批量为<100条) 注:以上批量划分适用于必试项目
11.预应力混凝土用钢绞线	1.预应力用钢绞线应成批验收,每批由一牌号、同一规格、同一生产工艺的钢绞线组成,每批重量大于60t 2.从每批钢绞线中任取3盘,从每盘所选的钢绞线端部正常部位截取一根进行表面质量、直径偏差、捻距和力学性能试验。如每批少于3盘,则应逐盘进行上述检验。屈服和松弛试验每季度抽检一次,每次不少于一根
12.预应力混凝土用低合金钢丝	1.拔丝用盘条:见本表(低碳热轧圆盘条) 2.钢丝:①每批钢丝应由同一牌号、同一形状、同一尺寸、同一交货状态的钢丝组成。②从每批中抽查5%,但不少于5盘进行开头尺寸和表面检查。③从上述检查合格的钢丝中抽取5%,优质钢抽取10%,不少于3盘,拉伸试验每盘一个(任意端);不少于5盘,反复弯曲试验每盘一个(任意端去掉500mm后取样)
13.一般用途低碳钢丝	1.每批钢丝应由同一尺寸、同一层级别、同一交货状态的钢丝组成 2.从每批中抽查5%,但不少于5盘进行开头尺寸和表面检查 3.从上述检查合格的钢丝中抽取5%,优质钢抽取10%,不少于3盘,拉伸试验、反复弯曲试验每盘各一个(任意端)

二 试件的长度

拉伸试验：5d0＋200mm（可根据试验机上下夹头间最小距离和夹头长度确定）

冷弯试件：5d0＋150mm（d0 为钢筋直径）拉伸、冷弯试件不允许进行车削加工。

第三节　实 训 报 告

试验日期：______年______月______日　　班组：______　姓名：______
试验室温度：____________℃　　砖的种类：____________

一 钢筋拉伸试验

(一)试验目的

(二)使用仪器和仪表的名称、型号和精度

(1)万能材料试验机：____________。

(2)游标卡尺，精确度为____________。

(三)试件制备

(1)试件长度____________；____________。

(2)____________的钢筋试件一般不经车削加工。如受试验机吨位限制，直径为______的钢筋可进行车削加工。制成直径为______的标准试件。

(3)在试件表面用铅笔划出平行其轴线的直线，在直线上用浅冲眼冲出标距端点，并沿标距长度用油漆划出______等分点，以便计算试件的伸长率。长试件的标距为______，短试件为______。

(4)未经切削的试件，要按重量法求出横截面积 A：

$A=$

(四)试验方法

开动万能材料试验机，拉伸试件直至断裂。

(五)结果计算与数据处理

(1)记录屈服点荷载 F_s(N)和断裂时最大荷载 F_b(N)入表 7-3；

(2)计算钢筋横截面积 $A(mm^2)$；

(3)计算屈服点强度 σ_s(MPa)；

(4)计算抗拉强度 σ_b(MPa)；

钢筋拉伸试验力学结果　　表 7-3

试样编号	屈服点荷载 F_s (N)	断裂时最大荷载 F_b(N)	钢筋横截面积 A (mm^2)	屈服点强度 σ_s (MPa)	抗拉强度 σ_b (MPa)
1					
2					

(5)测量断后标距 L_1(mm)；

(6)计算伸长率 δ_5 或(δ_{10})。

钢筋拉伸试验塑性指标　　表 7-4

试样编号	标距 L_0(mm)	测量断后标距 L_1(mm)	伸长率 δ_5 或(δ_10)
1			
2			

二 钢筋冷弯试验

(一)试验目的

(二)使用仪器和仪表的名称、型号和精度

万能材料试验机________________。

(三)试验步骤

(1)试件不经车削，长度________________。

(2)选择弯心直径：________________。

(3)调整两支试辊间的距离，使其等于________________。

(4)将试件装置好后，平稳的施加压力，直至弯成所需角度为止。

(5)试件弯曲后，检查弯曲处的外面和侧面，如无________________，即认为冷弯试验合格。

(四)结果计算与数据处理

钢筋冷弯至规定角度后，观察其弯曲处外表面，做出合格与否的判断：________________。

将试验数据填写在表 7-5 中：

钢筋原材试验报告 表 7-5

钢材试验报告				编号	
				试验编号	
				委托编号	
工程名称				试件编号	
委托单位				试验委托人	
钢材种类		规格或牌号		生产人	
代表数量		来样日期		试验时期	
公称直径（厚度）	mm			公称面积	mm^2

试验结果	力学性能					弯曲性能		
	屈服点（MPa）	抗拉强度（MPa）	伸长率（%）	σ_b 实/σ_s 实	σ_s 实/σ_s 标	弯心直径	角度	结果

化学分析							其他：
分析编号	化学成分（%）						
	C	Si	Mn	P	S	C_{eq}	

结论：

批准		审核		试验	
试验单位					
报告日期					

项目二　钢材接头(连接)试验

第一节　实训内容

一　钢材接头(连接)试验的基本内容

1. 焊接钢筋必试项目,如表7-6所示

焊接钢筋必试项目　　表7-6

焊接种类		必试项目
点焊	焊接骨架	抗剪试验、抗拉试验
	焊接网	抗剪试验、抗拉试验、弯曲试验
闪光对焊		抗拉试验、弯曲试验
电弧焊		抗拉试验
电渣压力焊		抗拉试验
气压焊		抗拉试验,梁、板另加弯曲试验
预埋件钢筋T形接头		抗拉试验

2. 机械连接钢筋必试项目

抗拉强度。

二　质量评定

1. 机械连接

钢筋机械连接接头应根据静力单向拉伸性能以及高应力和大变形条件下反复拉、压性能的差异,分三个性能等级。

A级:接头抗拉强度达到或超过母材抗拉强度标准值(f_{tk}),并具有高延性和反复拉压性能。

B级:接头抗拉强度达到或超过母材抗拉强度标准值(f_{tk})的1.35,并具有一定延性和反复拉压性能。

C级:接头仅能承受压力。

2. 焊接件

1)闪光对焊。

当试验结果有一个试件的抗拉强度低于规定值,或有两个试件在焊缝或热影响区发生脆性断裂时，应取 6 个试件进行复验；复验结果若仍有一个试件的抗拉强度低于规定值时，或有三个试件断于焊缝或热影响区，呈脆性断裂，应确认该批接头为不合格品。

弯曲试验结果有 2 个试件发生破断时，应取 6 个试件进行复验；复验结果仍有 3 个试件发生破断，应确认该批接头即为不合格品。

2)电弧焊。

当试验结果有 1 个试件的抗拉强度小于规定值，或有 1 个试件断于焊缝，或有 2 个试件发生脆性断裂时，应再取 6 个试件进行复验。复验结果当有 1 个试件抗拉强度小于规定值，或有 1 个试件断于焊缝，或有 3 个试件呈脆性断裂时，应确认该批接头为不合格品。

3)电渣压力焊。

当试验结果有 1 个试件的抗拉强度低于规定值，应取 6 个试件进行复验；复验结果仍有 1 个试件的抗拉强度小于规定值，应确认该批接头为不合格品。

4)钢筋气压焊。

拉伸试验结果若有一个试件不符合要求时，应切取 6 个接头进行复验；复验结果若仍有 1 个接头不符合要求，应确认该批接头为不合格品。

弯曲试验结果若有一个试件不符合要求，应切取 6 个接头进行复验；复验结果若仍有一个接头不符合要求，则该批接头为不合格品。

三 试验项目与实训项目

与项目一类似。

第二节　取样方法及数量

钢材接头(连接)试验取样方法及数量见表 7-7。

钢材接头(连接)试验组批原则及取样规定　　表 7-7

材料名称	组批原则及取样规定
钢筋电阻点焊：电阻点焊制品	1)钢筋焊接骨架：(1)凡钢筋级别、直径及尺寸相同的焊接骨架应视为同一类制品，且第 200 件为一验收批，一周内不足 200 件的也按一批计；(2)试件应从成品中切取，当所切取试件的尺寸小于规定的试件尺寸时，或受力钢筋大于 8mm 时，可在生产过程中焊接试验网片，从中切取试件。(3)由几种钢筋直径组合的焊接骨架，应对每种组合做力学性能检验；热轧钢筋焊点，应作抗剪试验，试件数量 3 件：、冷拔低碳钢丝焊点，应作抗剪试验及对较小的钢筋做接伸试验，试件数量 3 件

续上表

材料名称	组批原则及取样规定
钢筋电阻点焊：电阻点焊制品	2)钢筋焊接网：(1)凡钢筋级别、直径及尺寸相同的焊接骨架应视为同一类制品，每批不应大于 30t，或每 200 件按一验收批，一周内不足 30t 或 200 件的也按一批计；(2)试件应从成品中切取：冷轧带肋钢筋或冷拔抵碳钢丝焊点应作拉伸试验，试件数量 1 件，横向试件数量 1 件，冷轧带肋钢筋焊点应作弯曲试验，纵向试件数量 1 件，横向试件数量 1 件；热轧钢筋、冷轧带肋钢筋或冷拔低碳钢丝的焊点应作抗剪试验，试件数量 3 件
钢筋闪光对焊接头	1. 同一台班内由同一焊工完成的大体上同级别、同直径钢筋焊接接头应作为一批。当同一台班内，可在一周内累计计算；累计仍不足 300 个接头，也按一批计 2. 力学性能试验时，试件应从成品中随机切取 6 个试件，其中 3 个做拉伸试验，3 个做弯曲试验 3. 焊接等长预应力钢筋(包括螺丝杆与钢筋)。可按生产条件作模拟试件 4. 螺丝端杆接头可只做拉伸试验 5. 若当出试验结果不符号要求时，复试应从成品中切取其数量和要求与初试时相同
钢筋电弧焊接头	1. 工厂焊接条件下；同钢筋级别 300 个接头为一验收批 2. 在现场安装条件下；每一至二层楼同接头形式、同钢筋级别的接头 300 个为一验收批。不足 300 个接头也按一批计 3. 试件应从成品随机切取 3 个接头进行拉伸试验 4. 装配式结构节点的焊接接头可按生产条件制造模拟试件 5. 当初试结果不符合要求时应现取 6 个试件进行复试
钢筋电渣压力焊接头	1. 一般构筑物中以 300 个同级别钢筋接头作为以验收批 2. 在现浇钢筋混凝土多层结构中，以每一楼层或施工区段中 300 个同级别钢筋接头作为一验收批，不足 300 个接头也按一批计 3. 试件应从成品中随机切取 3 个接头进行拉伸试验 4. 当初试结果不符合要求时应再取 6 个试件进行复试
钢筋气压焊接头	1. 一般构筑物中以 300 个接头作为一验收批 2. 在现浇钢筋混凝土房屋结构中，同一楼层中应以 300 个头作为一验收批，不足 300 个接头也按一批计 3. 试件做弯曲试验 4. 当初试结果不符合要求时应再取 6 个试件进行复试
预埋件钢筋 T 型接头	1. 预埋件钢筋埋弧压力焊，同类型预埋件一周内累计每 300 件时为一验收批，不足 300 个接头也按一批计，每批随机切取 3 个试件做拉伸试验 2. 当初试结果不符合规定时再取 6 个试件进行复试
机械连接包括：锥螺纹连接，套筒挤压接头，镦粗直螺纹钢筋接头	1. 工艺检验：在正式施工前，按同批钢筋、同种机械连接形式的接头试件不少于 3 根，同时对应截取按接头试件的母材，进行抗拉强度试验 2. 现场检验：接头的现场检验按验收批进行。同一施工条件下采用同一批材料的同等级、同形式、同规格的接头每 500 个为一验收批。不足 500 个接头也按一批计。每一验收批必须在工程结构中随机截取 3 个试件做单向拉伸试验。在现场连续检验 10 个验收批，其全部单向拉伸试件一次抽样均合格时，验收批接头数量可扩大一倍

第三节　实 训 报 告

试验日期：______年______月______日　班组：______姓名：______

试验室温度：____________℃　　钢筋的种类：______

一　钢材接头(连接)拉伸试验

(1)记录屈服点荷载 F_s(N)和断裂时最大荷载 F_b(N)填入表 7-8；

(2)计算钢筋横截面积 $A(mm^2)$；

(3)计算屈服点强度 σ_s(MPa)；

(4)计算抗拉强度 σ_b(MPa)；

钢材接头(连接)试验拉伸试验力学结果　　表 7-8

编号	屈服点荷载 F_s(N)	断裂时最大荷载 F_b(N)	钢筋横截面积 $A(mm^2)$	屈服点强度 σ_s(MPa)	抗拉强度 σ_b(MPa)
1					
2					

(5)测量断后标距 L_1(mm)；

(6)计算伸长率 δ_5 或(δ_{10})。

钢材接头(连接)拉伸试验塑性指标　　表 7-9

试样编号	标距 L_0(mm)	测量断后标距 L_1(mm)	伸长率 δ_5 或(δ_{10})
1			
2			

二　钢材接头(连接)冷弯试验

钢筋冷弯至规定角度后，观察其弯曲处外表面，做出合格与否的判断：______。

将试验数据填写在表 7-10 中：

钢材接头(连接)试验报告 表 7-10

钢材连接试验报告		编号	
		试验编号	
		委托编号	
工程名称		试件编号	
委托单位		试验委托人	
接头类型		检验形式	
设计要求接头性能等级		代表数量	

连接钢筋种类及牌号		公称直径		原材试验编号	
操作人		来样日期	试验日期		

接头试件			母材试件		弯曲试件			备注
公称面积（mm^2）	抗拉强度（MPa）	断裂特征及位置	实测面积（mm^2）	抗拉强度（MPa）	弯心直径	角度	结果	

结论：

批准		审核		试验	
试验单位					
报告日期					

试 验 评 分 表

组号：

序号	作业项目	考 核 内 容	分数	评 分 标 准	扣分	得分	扣分原因
1	预习	试验目的	5	目的未填写扣 5 分			
		试验主要仪器	5	主要仪器未填写扣 3～5 分			
		试验步骤	5	操作未填写扣 5 分			

续上表

序号	作业项目	考核内容	分数	评分标准	扣分	得分	扣分原因
2	试验操作	操作水平	35	操作每错或少一步扣5分 读数不正确扣5分			
3	成果整理	测定数据	20	无数据扣20分			
		计算过程	10	无计算过程扣10分			
		结论与总结	10	无结论扣10分			
4	结束工作	整理现场	5	未打扫扣5分，不彻底扣1～2分			
5	安全文明操作		5	有仪器损坏扣3分 有安全事故扣5分			
6	总分						

指导老师：

本章小结

建筑钢材与混凝土是现代建筑工程的两大主要材料，在工程造价中占有很大比例，而且对施工质量影响很大。建筑钢材的技术性质主要包括：抗拉性能、冲击性能、硬度、耐疲劳性、冷弯性能和焊接性能。钢材的强度等级主要根据其抗拉性能（屈服点、抗拉强度、伸长率）和冷弯性能来确定。

小知识

冷轧扭钢筋是以建筑用钢Q235（也可采用Q215）热轧圆盘条为母材，经冷加工后提高抗拉强度，保留必要的塑性，其截面形状为螺旋状，与混凝土有较好的锚固性能。此外还具有工艺简便、规模适度、施工方便、可操作性强、经济效益明显等优点。用于钢筋混凝土受弯构件，尤其实现浇或预制板类构件，承载能力高、抗裂性能好。与Ⅰ级圆钢相比，可节约钢材40%，节约投资25%，据不完全统计，目前全国已有二千多项工程，4000余万平方米建筑中采用了冷轧扭钢筋，用量已超过二十万吨。

练习题

1. 在进行钢材拉伸试验时，加荷速度对试验结果有什么影响？

2. 在测定伸长率时，如钢筋不在中间部位断裂，对实验结果有什么影响？

3. 进行焊接点弯曲试验时，焊缝质量对实验结果有什么影响？

4. 钢材试验中，对温度有一定要求，如果试验温度偏低对屈服点，抗拉强度，伸长率和冷弯结果各有什么影响？

第八章
防水材料实训

【职业能力目标】

1. 通过本章的实训使学生能独立完成沥青的主要技术指标的检测；
2. 对沥青合格与否做出正确判定的能力；
3. 填写和审阅试验报告的能力。

【学习要求】

1. 熟悉现行沥青相关标准；
2. 了解防水卷材的相关试验。

项目一　沥青的验收与检测

第一节　实 训 内 容

随着防水材料的不断发展，沥青作为防水材料的使用量日渐减少，但作为道路材料的使用量却逐渐增多，所以质检单位越来越多地采用《公路沥青及沥青混合料试验规程》(JTJ 052—2000)。

主要是对针入度、延伸度、软化点进行测试。

第二节　取样方法及数量

(一)取样方法

1.从贮油罐中取样

1)无搅拌设备的贮罐。

(1)液体沥青或经加热已经变成流体的粘稠沥青取样时,应先关闭进油阀和出油阀,然后取样。

(2)用取样器按液面上、中、下位置(液面高各为1/3等分处,但距罐底不得低于总液面高度的1/6)各取规定数量样品。每层取样后,取样器应尽可能倒净。当储罐过深时,亦可在流出口按不同流出深度分3次取样。对静态存取的沥青,不得仅从罐顶用小桶取样,也不能仅从罐底阀门流出少量沥青取样。

(3)将取出的3个样品充分混合后取规定数量样品作为试样,样品也可分别进行检验。

2)有搅拌设备的贮罐。

将液体沥青或经加热已经变成流体的粘稠沥青充分搅拌后,用取样器从沥青层的中部取规定数量试样。

2.从槽车、罐车、沥青洒布车中取样

(1)设有取样阀时,可旋开取样阀,待流出至少4kg或4L后再取样。

(2)仅有放料阀时,俟放出全部沥青的一半时再取样。

(3)从顶盖处取样,可用取样器从中部取样。

3.在装料或卸料过程中取样

在装料或卸料过程中取样时,要按时间间隔均匀地取至少3个规定数量样品,然后将这些样品充分混合后取规定数量样品作为试样。样品也可分别进行检验。

4.从沥青储存池中取样

沥青储存池中的沥青应待加热熔化后,经管道或沥青泵流至沥青加热锅之后取样。分间隔每锅至少取3个样品,然后将这些样品充分混匀后再取规定数量作为试样,样品也可分别进行检验。

5.从沥青运输船取样

沥青运输船到港后,应分别从每个沥青仓取样,每个仓从不同的部位取3个样品,混合在一起,作为一个仓的沥青样品供检验用。在卸油过程中取样时,应根据卸油量，大体均匀的分间隔 3 次从卸油口或管道途中的取样口取样，然后混合作为一个样品供检验用。

6. 从沥青桶中取样

(1)当能确认是同一批生产的产品时，可随机取样。如不能确认是同一批生产的产品时，应根据桶数按照表 8-1 规定或按总桶数的立方根数随机选出沥青桶数。

沥青桶中取样规定　　表 8-1

沥青桶总数	2～8	9～27	28～64	65～125	126～216
选取桶数	2	3	4	5	6
沥青桶总数	217～343	344～512	513～729	730～1000	1001～1331
选取桶数	7	8	9	10	11

(2)将沥青桶加热使桶中沥青全部熔化成流体后，按罐车取样方法取样。每个样品的数量，以充分混合后能满足供检验用样品的规定数量要求为限。

(3)若沥青桶不便加热熔化沥青时，亦可在桶高的中部将桶凿开取样，但样品应在距桶壁 5cm 以上的内部凿取，并采取措施防止样品散落地面沾有尘土。

7. 固体沥青取样

从桶、袋、箱装或散装整块中取样，应在表面以下及容器侧面以内至少 5cm 处采取。如沥青能够打碎，可用一个干净的工具将一沥青打碎后取中间部分试样；若沥青是软塑的，则用一个干净的热工具切割取样。

(二)取样数量

进行沥青性质常规检验的取样数量为：粘稠或固体沥青不少于 1.5kg；液体沥青不少于 1L；沥青乳液不少于 4L。

(三)试样的保护与存放

(1)除液体沥青、乳化沥青外，所有需加热的沥青试样必须存放在密封带盖的金属容器中，严禁灌入纸袋、塑料袋中存放。试样应存放在阴凉干净处，注意防止试样污染。装有试样的盛样器应加盖、密封，外部擦拭干净，并在其上标明试样来源、品种、取样日期、地点及取样人。

(2)冬季乳化沥青试样要注意采取妥善防冻措施。

(3)除试样的一部分用于检验外，其余试样应妥善保存备用。

(4)试样需加热采取时，应一次取够一批试验所需的数量装入另一盛样器，其余试样密封保存，应尽量减少重复加热取样。用于质量仲裁检验的样品，重复加热的次数不得超过两次。

第三节　实 训 报 告

试验日期：______年______月______日　　班组：______姓名：______
试验室温度：______________℃　　砂的种类：______

一　沥青的针入度

(一)试验目的

(二)使用仪器和仪表的名称、型号和精度

(1)针入度仪：试验时针和针连杆组合件、砝码总质量为______g。

(2)标准针：由硬化回火的不锈钢制成，针及针杆总质量______g。

(3)盛样皿：金属制，圆柱形平底。小盛样皿的内径 55mm，深 35mm(适用于针入度小于______)；大盛样皿内径 70mm，深 45mm(适用于针入度______)。对于针入度大于______的试样需使用特殊盛样皿，其深度不小于 60mm，试样体积不小于 125mL。

(4)恒温水浴：容量不小于______L，控温准确度为______℃。

(5)平底玻璃皿：容量不小于 1L，深度不小于 80mm。内设有一不锈钢三脚支架，能使盛样皿稳定。

(6)温度计：0℃～50℃，分度为______℃。

(7)秒表：分度为______s。

(8)盛样皿盖：平板玻璃。

(9)溶剂：______。

(10)其他：电炉或砂浴、石棉网、金属锅或瓷把坩埚等。

(三)试验步骤

(1)沥青试样准备方法

①将装有试样的盛样器带盖放入恒温烘箱中，当石油沥青试样中含有水分时，烘箱温度______℃左右，加热至沥青全部熔化后供脱水用。当石油沥青中无

水分时，烘箱温度宜为软化点温度以上______℃，通常为______℃左右。

②当石油沥青试样中含有水分时，将盛样器皿放在可控温的砂浴、油浴、电热套上加热脱水。在沥青温度不超过______℃的条件下，仔细脱水至无泡沫为止。

③将成样器中的沥青通过______mm 的滤筛过滤。

(2)制备试样方法

过滤后不等冷却立即一次将试样灌入盛样皿中，试样深度应超过预计针入度值 10mm，并盖上盛样皿，以防落入灰尘。盛有试样的盛样皿在 15℃～30℃室温中冷却后移入试验温度______℃的恒温水槽中______h(小盛样皿)、______h(大盛样皿)或______h(特殊盛样皿)。

(3)调整针入度仪使之水平。用三氯乙烯或其它溶剂清洗标准针，并拭干。将标准针插入针连杆，用螺丝固紧。按试验条件，加上附加砝码。

(4)取出达到恒温的盛样皿，并移入水温控制在试验温度±0.1℃(可用恒温水槽中的水)的平底玻璃皿中的三脚架上，试样表面以上的水层深度不少于______mm。

(5)将盛有试样的平底玻璃皿置于针入度仪的平台上。慢慢放下针连杆，用适当位置的反光镜或灯光反射观察，使针尖恰好与试样表面接触。拉下刻度盘的拉杆，使与针连杆顶端轻轻接触，调节刻度盘或深度指示器的指针指示为______。

(6)开动秒表，在指针正指______s 的瞬时，用手紧压按钮，使标准针自动下落贯入试样，经规定时间，停压按钮使针停止移动。

(7)拉下刻度盘拉杆与针连杆顶端接触，读取刻度盘指针或位移指示器的读数，准确至 0.5(0.1mm)。

(8)同一试样平行试验至少三次。

(9)测定针入度大于 200 的沥青试样时，至少用三支标准针，每次试验后将针留在试样中，直至三次平行试验完成后，才能将标准针取出。

(四)结果计算与数据处理

将三次测试的结果取平均值填入表 8-2。

针入度测定结果 表 8-2

编　号	1	2	3	平均值
针入度(0.1mm)				

二 沥青的延度

(一)试验目的

(二)使用仪器和仪表的名称、型号和精度

(1)延度仪:____________。

(2)试模:____________。

(3)试模底板:____________。

(4)恒温水槽:____________。

(5)温度计:____________。

(6)砂浴或其他加热炉具。

(7)甘油滑石粉隔离剂(甘油与滑石粉的质量比 2:1)。

(8)其他:平刮刀、石棉网、酒精、食盐等。

(三)试验步骤

(1)制备试样____________。

(2)检查延度仪拉伸速度是否符合规定要求,然后移动滑板使其指针正对标尺的______点。将延度仪注水,并保温达试验温度____________℃。

(3)将保温后的试件连同底板移入延度仪的水槽中,从底板上取下试件,将试模两端的孔分别套在滑板及槽端固定板的金属柱上,取下侧模。

(4)开动延度仪,并注意观察试样的延伸情况。

(5)试件拉断时,读取指针所指标尺上的读数,以 cm 表示。

(四)结果计算与数据处理

延度为____________。

三 沥青的软化点

(一)试验目的

(二)使用仪器和仪表的名称、型号和精度

(1)环与球软化点仪:____________。

(2)试样底板：____________。

(3)环夹：________。

(4)平直刮刀。

(5)甘油滑石粉隔离剂。

(6)加热炉具：装有温度调节器的电炉或其它加热炉具。

(7)恒温水槽：控温的准确度为______℃。

(8)新煮沸过的蒸馏水。

(9)其他：石棉网。

(三)试验步骤

(1)制备试样____________。

(2)试样软化点在80℃以下者，试验步骤如下：

①将装有试样的试样环连同金属板置于________℃水的恒温水槽中至少______min。

②烧杯内注入新煮沸并冷却至________℃的蒸馏水。

③从恒温水槽中取出盛有试样的试样环放置在支架中层板的圆孔中，并套上定位环；然后将整个环架放入烧杯中，调整水面至深度标记，并保持水温为______℃。

④将烧杯移至放有石棉网的加热炉具上，然后将钢球放在定位环中间的试样中央，立即开动振荡搅拌器，使水微微振荡，并开始加热，使杯中水温在____min内调节至维持每分钟上升________℃。在加热过程中，应记录每分钟上升的温度值。

⑤试样受热软化逐渐下坠，至与下层底板表面接触时，立即读取温度，准确至0.5℃。

(3)试样软化点在80℃以上者，试验步骤如下：

①将装有试样的试样环连同金属底板置于装有________℃甘油的恒温槽中至少15min。

②在烧杯内注入预先加热至________℃的甘油，其液面略低于立杆上的深度标记。

③从恒温槽中取出装有试样的试样环，按上述方法进行测定，准确至1℃。

(四)结果计算与数据处理

将两次测试的结果取平均值填入表8-3。

软化点测定结果　　表 8-3

编　　号	1	2	平　均　值
软化点(℃)			

项目二　防水卷材的验收与检测

第一节　实训内容

一　防水卷材验收检验的基本内容

常见防水卷材验收试验项目见表 8-4。

防水卷材验收试验项目　　表 8-4

材料名称		试验项目
沥青防水卷材	石油沥纸胎油毡、油纸 石油沥青玻璃纤维胎油毡 石油沥青玻璃布胎油毡 铝箔面油毡 沥青合胎柔性防水卷材 自粘橡胶沥青防水卷材	纵向拉力、耐热度柔度、不透水性
高聚物改性沥青防水卷材	改性沥青聚乙稀胎防水卷材 弹性体改性沥青防水卷材 塑性体改性沥青防水卷材 高分子防水材料(第一部分片材)	拉力 断裂延伸率 不透水性 柔度 耐热度
合成高分子防水卷材	三元乙丙橡胶 聚氯乙烯防水卷材 氯化聚乙烯防水卷材 三元丁橡胶防水卷材 氯化聚乙烯—橡胶共混防水卷材	断裂拉伸强度 断裂伸长率 不透水性 低温弯折性 热老化保持率

二　实训项目

各卷材试验方法并不统一，本项目以聚氯乙烯防水卷材为例作介绍。

(一)试件制备

将被测样品在标准试验条件下放置 24h,按图 8-1 表 8-5 裁取所需试件,试件距卷材边缘不小于 100mm。裁切织物增强卷材时应顺着织物的走向,尽量使工作部位有最多的纤维根数。

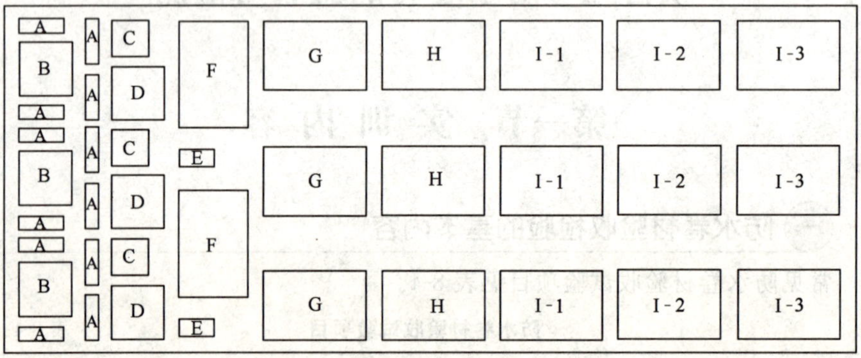

图 8-1 试件裁取图

试件尺寸与数量 表 8-5

序 号	项 目	符 号	尺寸(纵向×横向)mm	数 量
1	拉伸性能	A、A′	120×25	各 6
2	热处理尺寸变化率	C	100×100	3
3	抗穿孔性	B	150×150	3
4	不透水性	D	150×150	3
5	低温弯折性	E	100×50	2
6	剪切状态下的粘合性	F	200×300	2
7	热老化处理	G	300×200	3
8	耐化学腐蚀	I-1、I-2、I-3	300×200	各 3
9	人工气候加速老化	H	300×200	3

(二)实训内容

1.尺寸偏差

用最小分度值为 1mm 的卷尺在卷材两端和中部三处测量宽度、长度,以长度的平均值乘以宽度的平均值得到每卷卷材的面积。若有接头,以量出的两段长度之和减去 150mm 计算。

2.厚度

1)N 类、W 类卷材厚度。

N 类、W 类卷材厚度用分度值为 0.01mm、压力为(22±5)kPa、接触面直径为 6mm 的厚度计测量，保持时间为 5s。在卷材宽度方向测量 5 点，距卷材长度方向边缘(100±15)mm 向内各取一点，在这两点中均分取其余 3 点，以 5 点的平均值作为卷材的厚度，并报告最小单值。

2)2L 类卷材厚度。

(1)读数显微镜：最小分度值 0.01mm，放大倍数最小 20 倍。

(2)2L 类纤维单面复合卷材按 1)在 5 点处各取一块 50mm×50mm 试样，在每块试样上沿宽度方向用薄的锋利刀片，垂直于试样表面切取一条约 50mm×2mm 的试条，注意不使试条的切面变形(厚度方向的断面)。将试条的切面向上，置于读数显微镜的试样台上，读取卷材聚氯乙烯层厚度(不包括纤维层)，对于表面压花纹的产品，以花纹最外端切线位置计算厚度。每个试条上测量 4 处，厚度以 5 个试条共 20 处数值的平均值表示，并报告 20 处中的最小单值。

3.外观

卷材外观用目测方法检查。

4.拉伸性能

1)试验目的：

测定卷材拉伸强度与断裂伸长率。

2)主要仪器：

拉力试验机：能同时测定拉力与延伸率，保证拉力测试值在量程的 20%～80% 间，精度 1%；能够达到(250±50)mm/min 的拉伸速度，测长装置测量精度 1mm。

3)试验方法(N 类卷材拉伸性能)：

试件按图 8-1 表 8-5 要求裁取，采用哑铃 I 型如图 8-2 所示试件，拉伸速度(250 ±50)mm/min，夹具间距约 75mm，标线间距离 25mm。测量标线及中间 3 点的厚度，取中值作为试件厚度。

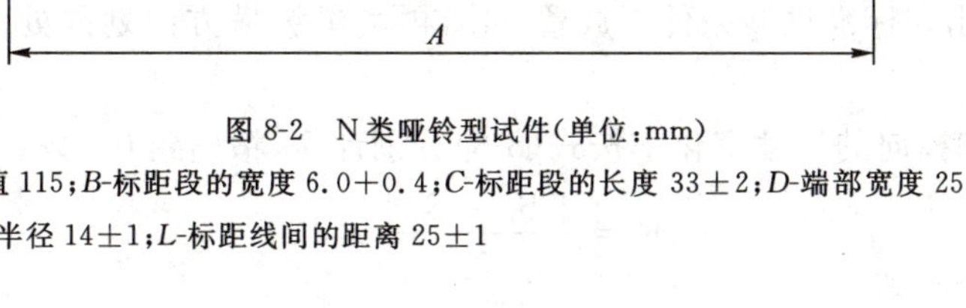

图 8-2 N 类哑铃型试件(单位：mm)

A-总长，最小值 115；*B*-标距段的宽度 6.0+0.4；*C*-标距段的长度 33±2；*D*-端部宽度 25±1；*R*-大半径 25±2；*r*-小半径 14±1；*L*-标距线间的距离 25±1

将试件置于夹持器中心夹紧，不得歪扭，开动拉力试验机。读取试件的最大拉力 P，试件断裂时标线间的长度 L_1，若试件在标线外断裂，数据作废，用备用试件补做。

4)结果计算：

(1)试件的拉伸强度按式(8-1)计算，精确到 0.1MPa：

$$TS = \frac{P}{B \times D} \tag{8-1}$$

式中：TS——拉伸强度，单位为兆帕(MPa)；

P——最大拉力，单位为牛顿(N)；

B——试件中间部位宽度，单位为毫米(mm)；

D——试件厚度，单位为毫米(mm)。

(2)试件的断裂伸长率按式(8-2)计算，精确到 1%：

$$E = \frac{L_1 - L_0}{L_0} \times 100 \tag{8-2}$$

式中：E——断裂伸长率，单位为百分率(%)；

L_0——试件起始标线间距离 25mm；

L_1——试件断裂时标线间距离，单位为毫米(mm)。

分别计算纵向或横向 5 个试件的算术平均值作为试验结果。

5.热处理尺寸变化率

1)试验目的：

测定尺寸变化率。

2)主要仪器：

鼓风烘箱：控温范围为室温到 200℃，控温精度±2℃

3)试验方法：

按图 8-1 表 8-5 裁取试件，试件尺寸为 100mm×100mm 的正方形，标明纵横方向，在每边测量处划线，作为试件处理前后的参考线。

在标准试验条件下，在试件上面放一钢直尺，用游标卡尺测量试件纵横方向划线处的初始长度 S_0，精确到 0.1mm，将试件平放在撒有少量滑石粉的釉面砖垫板上，再将垫板水平放入(80±2)℃的鼓风烘箱中，不得叠放，在此温度下恒温 24h。取出在标准试验条件下放置 24h，再测量纵横方向划线处的长度 S_1，精确到 0.1。

纵向和横向的尺寸变化率按式(8-3)分别计算，精确到 0.1%：

$$R = \frac{|S_1 - S_0|}{S_0} \times 100 \tag{8-3}$$

式中：R——热处理尺寸变化率，单位为百分率(%)；

S_0——试件该方向的初始长度，单位为毫米(mm)；

S_1——试件与 S_0 同方向处理后的长度，单位为毫米(mm)。

分别计算 3 块试件纵向或横向的尺寸变化率的平均值作为纵向或横向试验结果。

6. 低温弯折性

1)试验目的：

测定卷材低温弯折性。

2)主要仪器：

(1)低温箱：调节范围(0～30)℃，控温精度±20℃。

(2)弯折仪：由金属制成的上下平板间距离可任意调节，形状和尺寸如图 8-3 所示。

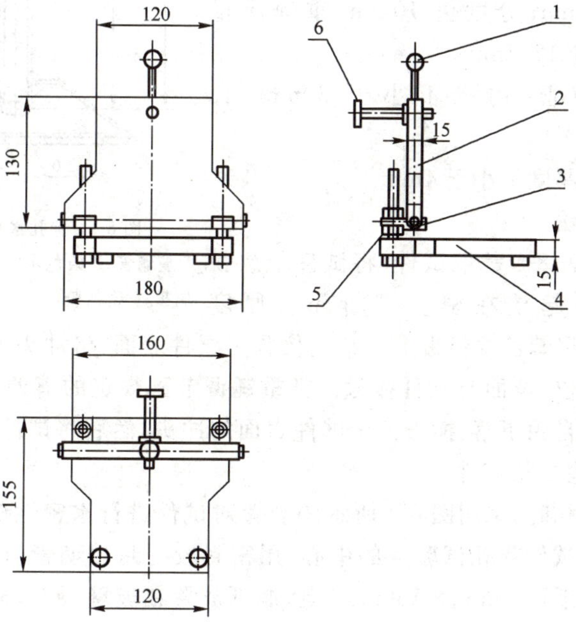

图 8-3　弯折仪(单位：mm)

1-手柄；2-上行板；3-转轴；4-下行板；5、6-调距螺丝

3)试验方法：

按图 8-1 表 8-5 裁取试件，将试件的迎水面朝外，弯曲 1800℃，使 50mm 宽的边缘重合、齐平，并固定。将弯折仪上下板距离调节为卷材厚度的 3 倍。

将弯折仪翻开，把两块试件平放在下平板下，重合的一边朝向转轴，且距离转轴 20mm。在设定温度下将弯折仪与试件一起放入低温箱中，到达规定温度后，在此温度下放置1h。然后在标准规定温度下将上平板1s内压下，到达所调间距位置，在此位置保持1s后将试件取出。待恢复到室温后观察弯折处是否断裂，或用6倍放大镜观察试件弯折处有无裂纹。

4)结果：

如无裂纹合格。

7.抗穿孔性

1)试验目的：

2)主要仪器：

(1)穿孔仪图8-4：由一个带有刻度的金属导管、可在其中自由运动的活动重锤、锁紧螺栓和半球形钢珠冲头组成。其中导管刻度长为(0～500)mm；分度值10mm，重锤质量500g，钢珠直径12.7mm。

(2)玻璃管：内径不小于30mm，长600mm。

(3)铝板：厚度不小于4mm。

3)试验方法：

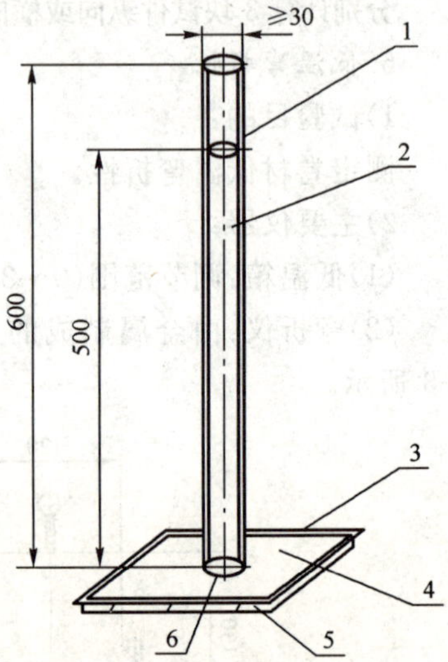

图8-4 穿孔水密性试验装置
1-玻璃管；2-染色水；3-滤纸；4-试样；5-玻璃板；6-密封胶

按图8-1表8-5裁取试件，将试件平放在铝板上，并一起放在密度25kg/m³、厚度50mm的泡沫聚苯乙烯垫板上。穿孔仪置于试件表面，将冲头下端的钢珠置于试件的中心部位，球面与试件接触。把重锤调节到规定的落差高度300mm并定位。使重锤自由下落，撞击位于试件表面的冲头，然后将试件取出，检查试件是否穿孔，试验3块试件。

无明显穿孔时，采用图8-4所示的装置对试件进行水密性试验。将圆形玻璃管垂直放在试件穿孔试验点的中心，用密封胶密封玻璃管与试件间的缝隙。将试件置于滤纸(150mm×150mm)上，滤纸放置在玻璃板上，把染色的水加入玻璃管中，静置24h后检查滤纸，如有变色、水迹现象表明试件已穿孔。

4)结果计算。

滤纸如有变色、水迹现象表明试件已穿孔。

8.不透水性

1)试验目的：

测定卷材不透水性。

2)主要仪器：

不透水仪：采用 GB/T328 规定的不透水仪，透水盘的压盖板采用图 8-5 所示的金属开缝槽盘。

3)试验方法：

试验在标准试验条件下进行，按图 8-1 表 8-5 裁取试件，按 GB/T 328 进行试验，采用图 8-5 所示的金属开缝槽盘，压力为 0.3MPa，保持 2h，观察试件有无渗水现象，试验 3 块试件。

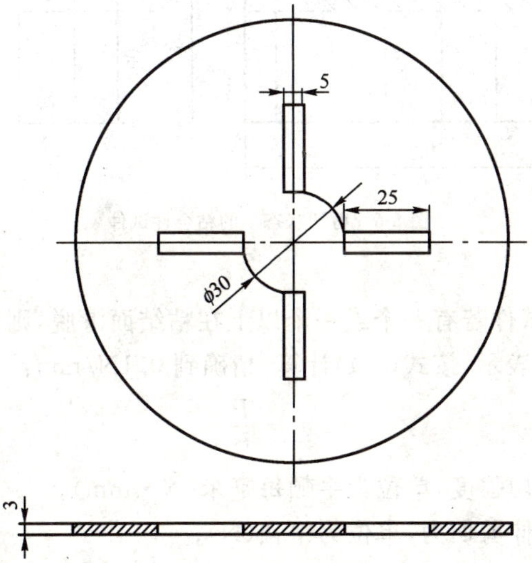

图 8-5　金属开缝槽盘

9. 剪切状态下的粘合性

1)试验目的：

测定卷材剪切状态下的粘合性。

2)主要仪器：

拉力试验机同前。

3)试验方法：

按图 8-1 表 8-5 裁取试片，在标准试验条件下，将与卷材配套的胶粘剂涂在试片上，涂胶面积为 100mm×300mm，按图 8-6 进行粘合，对粘时间按生产厂商要求进行。粘合好的试片放置 24h，裁取 5 块 300mm×50mm 的试件，将试件在标准试验条件下养护 24h。单面纤维复合卷材在留边处涂胶，搭接面为 50mm×50mm。采用热风焊接试件的中间的搭接长度为 30mm，宽度 50mm，放置时间为 24h。将试件夹在拉力试验机上，拉伸速度为(250±50)mm/min，夹具间距 150mm～200mm 。记录试件最大拉力 P。

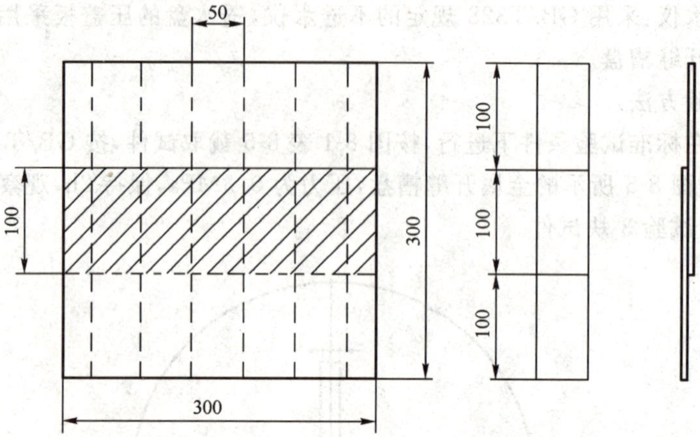

图 8-6　剪切状态下的粘合性试件

4)结果计算：

拉伸剪切时，试件若有一个或一个以上在粘结面滑脱，则剪切状态下的粘合性以拉伸剪切强度表示，按式(8-4)计算，精确到 0.1N/mm：

$$\sigma = \frac{P}{B} \tag{8-4}$$

式中：σ——拉伸剪切强度，单位为牛顿每毫米(N·mm)；

P——最大拉伸剪切力，单位为牛顿(N)；

B——试件粘合面宽度 50mm。

卷材的拉伸剪切强度以 5 个试件的算术平均值表示。

在拉伸剪切时，试件都是卷材断裂，则报告为卷材破坏。

三　质量评定

(1)卷重每批产品中抽取表 8-6 规定的卷数(以下简称“规定卷数”)进行检查，全部达到规定重量时即为卷重合格，若发现有低于规定指标时，再抽查规定的卷数，全部达到指标时判该批产品重量合格，若仍有低于规定指标时，判该批产品重量不合格。

(2)面积和外观重量检查合格后的全部样品进行开卷检查，全部达到要求时即为面积、外观合格；若其中有一项达不到要求，应在该批产品中再抽取同样卷数复查，全部达到要求，亦为面积、外观合格；若仍有未达到要求时，判该批产品面积或外观不合格。

(3)物理性能

①取样：在重量检查合格的样品中取重量最轻的、外观、面积合格的、无接头的一卷作为物理性能试验样品，若最轻的一卷不符合抽样条件时，可取次轻的一卷，但要详细记录。

②可溶物含量、拉力：各项三个试件测定结果的算术平均值分别达到规定指标时，即判该项合格。

③耐热度、不透水性：各项三个试件分别达到规定指标时即判该项合格。

④柔度：六个试件至少有五个试件达到规定指标即判该项合格。

⑤耐霉菌试验：同一组试件外观检查结果相差不超过一个等级；同时重量损失率、拉力损失率各项三个试件测试结果的算术平均值分别达到规定指标时，即判该项合格。

⑥人工气候老化试验：同一组试件外观全部无裂纹、无气泡、同时失重率、拉力变化率各项三个试件测试结果的算术平均值达到规定指标时，即判该项合格。

(4)判定：检验结果符合各项物理性能指标时，该批产品为物理性能合格；若有一项不符合指标要求，允许在该批产品中按 7.3 条规定抽样称重，取重量合格的最轻两卷作为试样，进行单项复验，达到指标要求时，该批产品亦为物理性能合格，若复验仍有一个试样不合格，该批产品物理性能不合格。

(5)总判定重量、外观、面积合格，物理性能达到相应等级指标时，判该批产品为相应等级产品。

(6)仲裁如供需双方发生争议时，由双方共同委托有关检测中心进行仲裁检验。

第二节 实 训 报 告

表 8-6

试验日期：____年____月____日　　　　　　班组：____姓名：____

温度：(23±2)℃　　相对湿度：(60±15)%。

卷材的种类：聚氯乙烯防水卷材

防水卷材试验报告				编号	
				试验编号	
				委托编号	
工程名称				试件编号	
委托单位				试验委托人	
种类、等级、牌号				生产厂	
代表数量		来样日期		试验日期	

续上表

试验结果	一、拉力试验	拉力	纵	N	横	N
		2. 拉伸强度	纵	MPa	横	MPa
	二、断裂伸长率(延伸率)		纵	%	横	
	三、耐热度	温度(℃)			评定	
	四、不透水性(抗渗透性)					
	五、柔韧性(低温柔性、低温弯折性)	温度(℃)			评定	
	六、其他					

结论：

批准		审核		试验	
试验单位					
报告日期					

试 验 评 分 表

组号：

序号	作业项目	考核内容	分数	评 分 标 准	扣分	得分	扣分原因
1	预习	试验目的	5	目的未填写5分			
		试验主要仪器	5	主要仪器未填写扣3—5分			
		试验步骤	5	操作未填写扣5分			
2	试验操作	操作水平	35	1. 操作每错或少一步扣5分 2. 读数不正确扣5分			
3	成果整理	测定数据	20	无数据扣20分			
		计算过程	10	无计算过程扣10分			
		结论与总结	10	无结论扣10分			
4	结束工作	整理现场	5	未打扫扣5分，不彻底扣1—2分			
5	安全文明操作		5	1. 有仪器损坏扣3分 2. 有安全事故扣5分			
6	总分						

指导老师：

本章小结

本章介绍了沥青的三大基本性能的测试方法，可据以确定沥青的标号。测定防水卷材的耐热度、不透水性、拉力、柔度，确定卷材是否适用于本工程。

小知识

为了进一步促进产品质量的提高，规范防水卷材行业的发展，国家质检总局组织对建筑防水卷材产品质量进行了国家监督抽查。共抽查了北京、天津、辽宁、河南、河北、山东、江苏、浙江等8个省、直辖市29家企业生产的29种产品，合格25种，产品抽样合格率为86.2%，其中抽查了17种弹性体改性沥青防水卷材，产品合格率为82.4%；抽查了12种高分子防水卷材，产品抽样合格率为91.7%。

抽查结果表明，大中型企业的产品合格率保持在较高的水平，达到90.9%，小型企业的产品合格率为83.3%。

本次抽查中发现的主要质量问题：

1. 60℃断裂拉伸强度、加热伸缩量项目不合格。60℃断裂拉伸强度、加热伸缩量是高分子防水卷材的重要质量指标。本次抽查中有1种产品的60℃断裂拉伸强度只有0.81MPa（纵向）、0.52MPa（横向），与标准要求的2.3MPa相距甚远，而加热伸缩量超出标准值的2倍多。这样的产品在使用过程中，一旦遇到高温，没有强度，容易引起撕裂，产生渗漏。

2. 可溶物含量达不到标准的要求。可溶物含量是反映改性沥青防水卷材产品中主要原材料SBS含量的指标（即沥青含改性材料SBS量），是用以区分防水卷材厚度的重要指标，卷材标称厚度越厚，可溶物含量越大，卷材相应价格也就越高。标准规定，3mm厚的产品可溶物含量必须达到2100g/m^2。本次抽查中有1种产品的可溶物含量仅有1542.2 g/m^2，这样的产品在使用过程中，耐老化性能差，防水层差。

3. 低温柔度项目不合格。该指标将直接反映出产品在冬季使用过程中承受基层变形的能力。本次抽查有1种产品不达标，若在严寒温度下使用，容易开裂，从而失去了防水功效。

4.最大拉力时延伸率项目不合格。最大拉力时延伸率项目也是体现材料抗变形能力的一个重要指标,《弹性体改性沥青防水卷材》GB 18242—2000标准中规定,聚酯胎Ⅰ型产品的最大拉力时延伸率必须≥30%,本次抽查中有3种产品该项目达不到标准要求,这样的产品在使用过程中,一旦基层发生较大变形,材料就会被扯断或裂开,出现渗漏。

练习题

1.制备沥青试样时,为什么在水浴中加热?

2.进行沥青软化点试验时,温度的上升速度偏高或偏低会对试验结果产生什么影响,为什么?

3.对屋面用的防水卷材的耐热度有什么要求?

第二篇　习　题　集

第一章 建筑材料基本性质

【考点总结】

一、密度、表观密度与堆积密度

1. 密度(ρ):是指材料在绝对密实状态下,单位体积的干质量。

2. 表观密度(ρ_0):是指材料在自然状态下,单位体积的干质量。

3. 堆积密度(ρ'_0):是指粒状或粉状材料在堆积状态下,单位体积的质量。

重点比较三者之间的区别,计算材料的密实度与孔隙率或材料的填充率与空隙率。

二、材料与水有关的性质

(一)材料的亲水性与憎水性

(二)材料的吸水性与吸湿性

一般材料的孔隙率愈大,吸水性愈强;开口而连通的细小孔隙愈多,吸水性愈强;闭口孔隙,水分不易进入;开口的粗大孔隙,水分容易进入,但不能存留,故吸水性较小。

(三)材料的耐水性

用软化系数(K_R)来表示。K_R 越大,表明材料吸水饱和后其强度下降越少,其耐水性越强;反之则耐水性越差。一般认为 $K_R \geqslant 0.80$ 的材料,称为耐水性材料。

(四)材料的抗渗性

抗渗等级的意义。

(五)材料的抗冻性

抗冻等级的意义。

三、材料的热性质

(一)导热性

材料传递热量的性质称为材料的导热性。用导热系数 λ 表示。

导热系数越小,材料的隔热保温性能越好。

(二)热容量

材料受热时吸收热量、冷却时放出热量的性质,称为热容量。用 c 表示。

四、材料的力学性质

1.强度:材料强度有抗拉、抗压、抗弯(抗折)、抗剪强度等。

2.弹性:材料在外力作用下产生变形,当取消外力后,能完全恢复到原形状的性质。

3.塑性:材料在外力作用下产生变形,当取消外力后,仍保持变形后的形状和尺寸的性质。

4.脆性:材料在外力作用下,直到破坏前并无明显的塑性变形而发生突然破坏的性质。

5.韧性:材料在冲击或震动荷载的作用下,能吸收较大能量,并产生较大变形而不发生破坏的性质。

【习题】

一、填空题

1.密度是指材料在(　)状态下,单位体积所具有的质量,常用单位是(　);表观密度是指材料在(　)状态下,单位体积所具有的质量,常用单位是(　)。

2.$\rho=\frac{m}{V}$,$\rho'=\frac{m}{V'}$,$\rho_0=\frac{m}{V_0}$,$\rho'_0=\frac{m}{V'_0}$,式中,V 表示(　),V'表示(　),V_0 表示(　),V'_0 表示(　)。

3.吸水性是指材料在(　)中吸收水分的性质,其大小以(　)表示;吸湿性指材料在(　)中吸收水分的性质,其大小以(　)表示。

4.材料的耐水性是指在(　)作用下不破坏,其(　)也不显著降低的性质。耐水性用软化系数表示,其表达式为(　),软化系数越小,说明材料的耐水性越(　),软化系数大于(　)的材料可以认为是耐水性材料。

5.材料的抗渗性用(　)表示,抗冻性用(　)表示,导热性用(　)表示。

6.材料抗渗性的好坏主要与材料的(　)和(　)有密切关系。

7.抗冻性良好的材料,对于抵抗(　)、(　)等破坏作用的性能也较强,因而常作为考查材料耐久性的一个指标。

8.同种材料的孔隙率愈(　),材料的强度愈高;当材料的孔隙率一定时,(　)孔和(　)孔愈多,材料的绝热性愈好。

9.弹性模量是衡量材料抵抗(　)的一个指标,其值愈(　),材料愈不宜变形。

10.比强度是按单位体积质量计算的(　),其值等于(　)和(　)之比,它是衡量材料(　)的指标。

11.随着材料孔隙率的增加,其表观密度(　),强度(　),保温隔热性(　)。

12.当孔隙率相同时,分布均匀而细小的封闭孔隙含量愈大,则材料的吸水率(　)、保温性能(　)、耐久性(　)。

13.保温隔热性要求较高的材料应选择导热系数(　)、热容量(　)的材料。

14.材料的比热容与质量的乘积称为材料的(　)。材料具有较大的(　)对室内稳定有良好对作用。

15.材料的抗冻性以材料在吸水饱和状态下所能抵抗的(　)来表示。

16.量取 10L 气干状态对卵石,称重为 14.5kg,又取 500g 烘干对该卵石,放入装有 500L 水对量筒中,静置 24h 后,水面升高为 685mL。该卵石的堆积密度为(　),表观密度为(　)。

二、判断题

1.凡是含孔材料,其干表观密度均比密度小。(　)

2.相同种类的材料,其孔隙率大的材料比孔隙率小的材料密度大。(　)

3.材料的密度与表观密度越接近,则材料越密实。(　)

4.将某种多孔材料,置于不同的湿度环境中,分别测得其密度,其中以干燥条件下的密度为最小。(　)

5.某材料含大量开口孔隙,直接用排水法测定其体积,该材料的质量与所测得的体积之比即为该材料的表观密度。(　)

6.憎水材料可以涂刷在亲水材料表面,使之呈现憎水性。(　)

7.材料在空气中吸收水分的性质称为材料的吸水性。(　)

8.材料的孔隙率越大,则其吸水率也越大。(　)

9.具有粗大孔隙体积的材料因其水分不宜留存,体积吸水率小于孔隙率。(　)

10. 材料吸水饱和状态时水占的体积可视为开口孔隙体积。( )

11. 在土木工程材料中,常以在常温常压下,水能否进入孔中来区分开口孔和封闭孔。( )

12. 从室外取质量为 G_1 的砖一块,浸水饱和后质量为 G_2,烘干后质量为 G_3,则砖的质量吸水率为 $\frac{G_2-G_1}{G_3}$。( )

13. 具有较大孔隙率,且为较大孔径、开口连通孔隙的亲水性材料往往抗渗性较差。( )

14. 渗透系数越小或抗渗等级越大,表示材料的抗渗性越好。( )

15. 一般说来,密实、具有封闭孔隙的材料以及具有一定强度的材料,有较强的抗冻性。( )

16. 材料中引入适量微细封闭孔,有利于提高其抗冻性。( )

17. 某材料的软化系数为 0.70,可用于建筑物的基础。( )

18. 材料受潮或冰冻后,其导热系数将降低。( )

19. 导热系数小的材料,适宜做保温材料。( )

20. 同种材料,孔隙率相同时,连通粗孔者比封闭微孔者的导热系数大。( )

21. 脆性材料在破坏前有明显的变形,而韧性材料在破坏前无显著的变形呈突然的破坏。( )

22. 材料吸水后,强度将提高。( )

23. 同种材料,孔隙率相同时,强度也相同。( )

24. 材料在进行强度试验时,加荷速度快者较加荷速度慢者的试验结果值偏小。( )

25. 材料的比强度值愈小,说明该材料轻质高强的性能越好。( )

26. 选择承受动荷载作用的结构材料时,要选择脆性材料。( )

27. 材料的弹性模量越大,则其变形能力越强。( )

28. 一般来说,同组成的表观密度大的材料的耐久性好于表观密度小的。( )

三、单项选择题

1. 当材料的润湿角 θ( )时,称为亲水性材料。

A. $>90°$　　B. $\leqslant 90°$　　C. $0°$

2. 颗粒材料的密度为 ρ,表观密度为 ρ_0,堆积密度 ρ'_0,则存在下列关系( )。

A. $\rho>\rho_0>\rho'_0$　　B. $\rho'_0>\rho_0>\rho$　　C. $\rho>\rho'_0>\rho_0$

3. 含水率为5%的砂220kg，将其干燥后的质量是(　)kg。

A. 209　　B. 209.52　　C. 210　　D. 203

4. 材质相同的A、B两种材料，已知表观$\rho_{0A}>\rho_{0B}$，则A材料的保温效果比B材料(　)。

A. 好　　B. 差　　C. 差不多

5. 通常，材料的软化系数为(　)时，可以认为是耐水性材料。

A. >0.85　　B. <0.85　　C. =0.75　　D. >0.75

6. 普通混凝土标准试件经28d标准养护后测得抗压强度为22.6MPa，同时又测得同批混凝土水饱和后的抗压强度为21.5MPa，干燥状态测得抗压强度为24.5MPa，该混凝土的软化系数为(　)。

A. 0.96　　B. 0.92　　C. 0.13　　D. 0.88

7. 木材的密度(　)其表观密度。

A. 等于　　B. 大于　　C. 小于

8. 以下(　)不属于脆性材料。

A. 木材　　B. 普通陶瓷　　C. 石材

9. 以下说法错误的是(　)。

A. 材料的理论强度远大于其实际应用强度

B. 材料比强度值越大，轻质高强性能越好

C. 一般材料孔隙率越大，强度越高

10. 某材料孔隙率增大，则(　)。

A. 表观密度减小，强度降低　　B. 密度减小，强度降低

C. 表观密度增大，强度提高　　D. 密度增大，强度提高

11. 材料的孔隙率增加，特别是开口孔隙率增加时，会使材料的(　)。

A. 抗冻、抗渗、耐腐蚀性提高　　B. 抗冻、抗渗、耐腐蚀性降低

C. 密度、导热系数、软化系数提高　　D. 密度、绝热性、耐水性降低

12. 某材料孔隙率增大，孔多为封闭孔，导热性将(　)。

A. 减小　　B. 增大　　C. 不变

13. 木材因虫蛀而影响其耐久性，此破坏因素为(　)。

A. 化学因素　　B. 生物因素　　C. 物理因素

14. 材料的比强度是指(　)。

A. 两材料的强度比　　B. 材料强度与其表观密度之比

C. 材料强度与其质量之比　　D. 材料强度与其体积之比

15. 材料的导热系数随温度升高而(　)。

A. 不变　B. 增大　C. 减少

16. 一般而言，材料的导热系数(　)。

A. 金属材料＞无机非金属材料＞有机材料

B. 金属材料＜无机非金属材料＜有机材料

C. 金属材料＞有机材料＞无机非金属材料

17. 为提高材料的耐久性，可以采取的措施有(　)。

A. 降低孔隙率　B. 改善孔隙特征

C. 加保护层　D. 以上都是

18. 材料孔隙中可能存在的三种介质：水、空气、冰，其导热能力顺序为(　)。

A. 水＞冰＞空气　B. 冰＞水＞空气

C. 空气＞水＞冰　D. 空气＞冰＞水

四、多项选择题

1. (　)属于亲水材料。

A. 天然石材　B. 砖　C. 石蜡　D. 混凝土

2. 下列材料中属于韧性材料的是(　)。

A. 钢材　B. 木材　C. 竹材　D. 石材

3. 能够反映材料在动力荷载作用下，材料变形及破坏的性质是(　)。

A. 弹性　B. 塑性　C. 脆性　D. 韧性

4. 以下说法错误的是(　)。

A. 空隙率是指材料内孔隙体积占总体积的比例

B. 空隙率的大小反映了散粒材料的颗粒互相填充的致密程度

C. 空隙率的大小直接反映了材料内部的致密程度

D. 孔隙率是指材料内孔隙体积占总体积的比例

5. 以下(　)情况不利于提高材料的抗渗性。

A. 材料孔隙率高，孔为连通孔

B. 材料孔隙率低，孔为封闭孔

C. 材料孔隙率低，孔为开口孔

D. 材料孔隙率高，孔为开口孔

6. 材料会受到自身和周围环境各因素的破坏作用，一般包括(　)。

A. 物理作用　B. 化学作用　C. 生物作用　D. 虫蛀

7. 在组成材料与组成结构一定的情况下，要使材料的导热系数尽量小应采用(　)措施。

A. 使含水率尽量低

B. 使孔隙率大，特别是闭口、小孔尽量多

C. 大孔尽量多

D. 使含水率尽量高

8. 建筑上为使温度稳定，并节约能源，减少热损失，应选用(　)的材料。

A. 导热系数小　　B. 导热系数大

C. 热容量小　　D. 热容量大

9. 以下说法正确的是(　)。

A. 表观密度小，导热系数小　　B. 含水率高，导热系数大

C. 孔隙不连通，导热系数大　　D. 固体物质比空气导热系数大

10. 材料的抗弯强度与(　)条件有关。

A. 受力情况　　B. 材料质量大小

C. 截面形状　　D. 支承条件

五、问答题

1. 何为材料的视密度？它与密度的实质区别何在？

2. 为什么新建房屋的墙体保暖性能差，尤其是在冬季？

3. 材料的强度与强度等级有什么关系？比强度的意义是什么？

4. 评价材料热工性能的常用参数有哪几个？欲保持建筑物内温度的稳定并减少热损失，应选择什么样的建筑材料？

5. 生产材料时，在其组成一定的情况下，可采取什么措施来提高材料的强度和耐久性？

6. 影响材料耐腐蚀性的内在因素有哪些？

7. 北方某住宅楼冬季施工，使用了尿素作混凝土的防冻剂。住户入住后闻到一股氨味，请分析原因。

8. 2000 年上半年北京市有关部门在全市抽查了 6 座新建的高档写字楼，这些外表富丽豪华、内部装修典雅的写字楼甲醛超标率达 42.11%。请分析产生此现象的原因。

六、计算题

1. 普通粘土砖进行抗压试验，浸水饱和后的破坏荷载为 183kN，干燥状态的破坏荷载为 207kN(受压面积为 115mm×120mm)，问此砖是否宜用于建筑物中常与水接触的部位？

2. 一质量为 8.1kg 的混凝土试块，体积为 150mm×150mm×150mm，质量吸水率为 4%，试求该混凝土试块的表观密度及体积吸水率。

3. 红砖干燥时表观密度为 $1900kg/m^3$，密度为 $2.5g/cm^3$，质量吸水率为 10%，试求：该砖的孔隙率和体积吸水率。

4. 用直径为 10mm 的钢筋做抗拉强度试验，测得破坏时的拉力为 31.5kN，试求此钢筋的抗拉强度。

5. 某石灰岩的密度为 $2.62g/cm^3$，孔隙率为 1.2%，今将该石灰岩破碎成碎石，碎石的堆积密度为 $1580kg/cm^3$，求此碎石的表观密度和空隙率。

6. 在质量为 6.6kg、容积为 10L 的容器中，装满气干状态的卵石称得总重为 21.6kg，卵石的空隙率为 42%，求该卵石的表观密度。

7. 称取堆积密度为 $1500kg/m^3$ 干砂 200g，将此砂装入容量瓶内，加满水并排尽气泡(砂已吸水饱和)，称得总质量为 510g。将此瓶内砂倒出，向瓶内新注满水，此时称得总质量为 386g，试计算砂的视密度。

8. 已测得陶粒混凝土的导热系数为 0.35W/(m.K)，普通混凝土的导热系数为 1.40W/(m.K)，在传热面积、温差、传热时间均相同的情况下，问要使和厚 20cm 的陶粒混凝土墙所传导的热量相同，则普通混凝土墙的厚度应为多少？

9. 有一石材干试样 256g，把它浸水、吸水饱和排开水体积 $115cm^3$，将试样取出后擦干表面，再次放入水中排开水体积为 $118cm^3$，试求此石材的表观密度、视密度、质量吸水率、体积吸水率。

10. 某岩石在气干、绝干、水饱和状态下测得的抗压强度分别为 172MPa、178MPa、168MPa。该岩石可否用于水下工程。

第二章 气硬性胶凝材料

【考点总结】

一、石膏

(一)石膏的生产与品种

1.原料:天然二水石膏($CaSO_4 \cdot 2H_2O$)→即生石膏。

2.生产工序:低温煅烧,磨细。

气硬性胶凝材料:只能在空气中凝结硬化、保持和发展强度;

水硬性胶凝材料:不但能在空气中、更能在水中凝结硬化、保持和发展强度。

3.石膏品种:

1)107~170℃:建筑石膏(β型半水石膏)。

2)127kPa,124℃:高强石膏(α型半水石膏)。

(二)特性

1.质量轻。

2.拌合用水量大。满足水化的用水量:18.6%;保持可施工性的用水量:60~80%。

3.凝结硬化快。国标要求:初凝不早于6min,终凝不迟于30min。

4.强度低(但高于石灰),早期强度高。7d抗压强度10MPa,抗折强度低(可掺入纤维材料增强)。

5.硬化微膨胀。膨胀率约1%→良好的成模性,表面光滑,不干裂。

6.保温,隔音性能高。

7.吸水性强、耐水性差、抗冻性差。遇水二水石膏晶体溶解。

8. 防火性好，耐火性差。本身不燃遇火结晶水挥发→表面温度下降→防火，但时间长→结晶水完全挥发→无水硫酸钙→强度↓→耐火性差。

9. 有一定调温、调湿功能。

二、石灰

(一)熟化：生石灰与水反应生成熟石灰的过程

1. 反应特点：

1)大量放热。

2)膨胀。

2. 石灰的陈伏：为保证石灰的完全消解。

3. 陈伏的目的：防止过火石灰后期熟化引起的起鼓和开裂。

(二)石灰的硬化

1. 硬化的两种作用同时进行：

1)结晶硬化。

2)碳化硬化。

2. 硬化过程的特点：

1)干缩。

2)外部结壳，硬化速度非常慢。

(三)特性

1. 保水、可塑性好。

颗粒细小、比表面积大→可吸附较多的水→保水吸附的水膜较厚→易产生滑移→可塑性。

2. 硬化慢、强度低。

3. 干缩大、易开裂→石灰不单独使用。

改善措施：加砂或纤维材料。

4. 耐水性差。

(四)质量要求

1. 技术指标：有效成分含量；CO_2 含量；产浆量，细度，游离水，体积安定性。

2. 分级：优等品、一等品、合格品。

(五)石灰的应用

1. 石灰乳涂料和砂浆。

2. 灰土和三合土：可以用于地基等见水环境。

3. 硅酸盐混凝土及制品：粉煤灰砖，灰砂砖，加气混凝土。

【习题】

一、填空题

1. 无机胶凝材料按其硬化条件分为(　)和(　)。

2. 生产石膏的原料为天然石膏,或称(　),其化学式为(　)。

3. 建筑石膏从加水拌合一直到浆体刚开始失去可塑性,这段时间称为(　)。从加水拌合直到浆体完全失去可塑性,这段时间称为(　)。

4. 生产石灰的原料主要是以含(　)为主的天然岩石。

5. 钙质生石灰中氧化镁含量应(　)。

6. 石灰浆体的硬化过程主要包括(　)和(　)两部分。

7. 生石灰熟化成熟石灰的过程中体积将(　);而硬化过程中体积将(　)。

8. 石灰膏陈伏的主要目的是(　)。

9. 石膏是以(　)为主要成分的气硬性胶凝材料。

10. 石膏在凝结硬化过程中体积将略有(　)。

11. 水玻璃 $Na_2O \cdot nSiO_2$ 中的 n 称为(　);该值越大,水玻璃粘度(　),硬化越(　)。

二、单项选择题

1. 熟石灰粉的主要成分是(　)。

A. CaO　B. $Ca(OH)_2$　C. $CaCO_3$　D. $CaSO_4$

2. 石灰膏应在储灰坑中存放(　)d 以上才可使用。

A. 3　B. 7　C. 14　D. 28

3. 石灰熟化过程中的陈伏是为了(　)。

A. 有利于硬化　B. 蒸发多余水分

C. 消除过火石灰的危害

4. 水玻璃中常掺入(　)作为促硬剂。

A. $NaOH$　B. Na_2SO_4　C. $NaHSO_4$　D. Na_2SiF_6

5. 建筑石膏的分子式是(　)。

A. $CaSO_4 \cdot 2H_2O$　B. $CaSO_4 \cdot 1/2H_2O$

C. $CaSO_4$　D. $Ca(OH)_2$

6. 普通建筑石膏的强度较低,这是因为其调制浆体时的需水量(　)。

A. 大　B. 小　C. 中等　D. 可大可小

三、多项选择题

1. 下列材料中属于气硬性胶凝材料的是( )。

A. 水泥　B. 石灰　C. 石膏　D. 混凝土

2. 石灰的硬化过程包含( )过程。

A. 水化　B. 干燥　C. 结晶　D. 碳化

3. 天然二水石膏在不同条件下可制得( )产品。

A. $CaSO_4$　B. β型 $CaSO_4 \cdot 1/2H_2O$

C. $CaSO_4 \cdot 2H_2O$　D. α型 $CaSO_4 \cdot 1/2H_2O$

4. 建筑石膏依据( )等性质分为三个质量等级

A. 凝结时间　B. 细度　C. 抗折强度　D. 抗压强度

四、判断题

1. 气硬性胶凝材料只能在空气中凝结硬化,而水硬性胶凝材料只能在水中硬化。( )

2. 建筑石膏的分子式是 $CaSO_4 \cdot 2H_2O$。( )

3. 因为普通建筑石膏的晶体较细,故其调成可塑性浆体时,需水量较大,硬化后强度较低。( )

4. 石灰在水化过程中要吸收大量的热量,其体积也有较大收缩。( )

5. 石灰硬化较慢,而建筑石膏则硬化较快。( )

6. 石膏在硬化过程中体积略有膨胀。( )

7. 水玻璃硬化后耐水性好,因此可以涂刷在石膏制品的表面以提高石膏的耐水性。( )

8. 石灰硬化时的碳化反应是: $Ca(OH)_2 + CO_2 \rightarrow CaCO_3 + H_2O$。( )

9. 生石灰加水水化后立即用于配制砌筑砂浆用于砌墙。( )

10. 在空气中贮存过久的生石灰,可照常使用。( )

五、问答题

1. 石灰有何特性及应用?

2. 建筑石膏的主要特性和用途有哪些?

3. 建筑上使用石灰为什么一定要预先进行熟化陈伏？

4. 水玻璃硬化有何特点？水玻璃模数、密度对其性质有何影响？

第三章 水泥

【考点总结】

一、硅酸盐水泥

(一)水泥熟料矿物的水化特性

	硅酸三钙(C_3S)	硅酸二钙(C_2S)	铝酸三钙(C_3A)	铁铝酸四钙(C_4AF)
水化、凝结硬化速度	快	慢	最快	快
28d水化热	多	少	最多	中
强度	高	早期低、后期高	低	低

(二)硅酸盐水泥的技术性质

1.细度:适中。

2.凝结时间:分初凝时间和终凝时间。国家标准规定硅酸盐水泥的初凝时间不得早于45min,终凝时间不得迟于6.5h。

3.体积安定性:是指水泥在凝结硬化过程中,水泥体积变化的均匀性。体积安定性不良的水泥作废品处理。

4.强度及强度等级。

二、水泥性能比较

特　性	P.I　P.II	P.O	P.S	P.P	P.F
水化热	高		低		
凝结时间	快	较快	较慢,低温下尤甚		

续上表

特 性	P.I P.II	P.O	P.S	P.P	P.F
强度发展	早期强度高	早期强度较高	早期强度低,但后期强度可等于同标号硅酸盐水泥		
抗硫酸腐蚀	较差		较强	抗硫酸盐腐蚀性好	
抗冻性	好		较差		
干缩性	小		较大	大	较小
保水性	较好		差	好	差
蒸养适应性	不宜高于 60～80℃		好		

【习题】

一、填空题

1. 生产硅酸盐水泥的主要原料是( )和( ),有时为调整化学成分还需加入少量( )。为调节凝结时间,熟料粉磨时还要掺入适量的( )。

2. 硅酸盐水泥的主要水化产物是( )、( )、( )、( )及( )。

3. 硅酸盐水泥熟料矿物组成中,( )是决定水泥早期强度的组分,( )是保证水泥后期强度的组分,( )矿物凝结硬化速度最快。

4. 生产硅酸盐水泥时,必须掺入适量石膏,其目的是( ),当石膏掺量过多时,会造成( ),同时易导致( )。

5. 引起水泥体积安定性不良的原因,一般是由于熟料中所含的游离( )过多,也可能是由于熟料中所含的游离( )过多或掺入的( )过多。体积安定性不合格的水泥属于( ),不得使用。

6. 硅酸盐水泥的水化热,主要由其( )和( )矿物产生,其中( )矿物的单位放热量最大。

7. 硅酸盐水泥根据其强度大小分为( )、( )、( )、( )、( )、( )六个强度等级。

8. 硅酸盐水泥的技术要求主要包括( )、( )、( )、( )、( )等。

9. 造成水泥石腐蚀的常见介质有( )、( )、( )、( )、( )等。

10. 水泥在贮运过程中,会吸收空气中的( )和( ),逐渐出现( )现象,使水泥丧失( ),因此贮运水泥时应注意( )。

二、单项选择题

1. 硅酸盐水泥熟料矿物中，(　)的水化速度最快，且放热量最大。

A. C_3S　　B. C_2S　　C. C_3A　　D. C_4AF

2. 为硅酸盐水泥熟料提供氧化硅成分的原料是(　)。

A. 石灰石　　B. 白垩　　C. 铁矿石　　D. 粘土

3. 硅酸盐水泥在最初四周内的强度实际上是由(　)决定的。

A. C_3S　　B. C_2S　　C. C_3A　　D. C_4AF

4. 生产硅酸盐水泥时加适量石膏主要起(　)作用。

A. 促凝　　B. 缓凝　　C. 助磨　　D. 膨胀

5. 水泥的体积安定性即指水泥浆在硬化时(　)的性质。

A. 体积不变化　B. 体积均匀变化　　C. 不变形

6. 属于活性混合材料的是(　)。

A. 粒化高炉矿渣　　B. 慢冷矿渣

C. 磨细石英砂　　D. 石灰石粉

7. 在硅酸盐水泥熟料中，(　)矿物含量最高。

A. C_3S　　B. C_2S　　C. C_3A　　D. C_4AF

8. 用沸煮法检验水泥体积安定性，只能检查出(　)的影响。

A. 游离氧化钙　　B. 游离氧化镁

C. 石膏

9. 对干燥环境中的工程，应选用(　)。

A. 火山灰水泥　　B. 普通水泥

C. 粉煤灰水泥

10. 大体积混凝土工程应选用(　)。

A. 硅酸盐水泥　　B. 高铝水泥

C. 矿渣水泥

三、多项选择题

1. 硅酸盐水泥熟料中含有(　)矿物成分。

A. C_3S　　B. C_2S　　C. CA　　D. C_3A

2. 下列水泥中，属于通用水泥的有(　)。

A. 硅酸盐水泥　　B. 高铝水泥

C. 膨胀水泥　　D. 矿渣水泥

3. 硅酸盐水泥的特性有(   )。

A. 强度高　　B. 抗冻性好

C. 耐腐蚀性好　　D. 耐热性好

4. 属于活性混合材料的有(   )。

A. 烧粘土　　B. 粉煤灰　　C. 硅藻土　　D. 石英砂

5. 高铝水泥具有的特点有(   )。

A. 水化热低　　B. 早期强度增长快

C. 耐高温　　D. 不耐碱

6. 对于高温车间工程用水泥,可以选用(   )。

A. 普通水泥　　B. 矿渣水泥

C. 高铝水泥　　D. 硅酸盐水泥

7. 大体积混凝土施工应选用(   )。

A. 矿渣水泥　　B. 硅酸盐水泥

C. 粉煤灰水泥　　D. 火山灰水泥

8. 紧急抢修工程宜选用(   )。

A. 硅酸盐水泥　　B. 矿渣水泥

C. 粉煤灰水泥　　D. 火山灰水泥

9. 有硫酸盐腐蚀的环境中,宜选用(   )。

A. 硅酸盐水泥　　B. 矿渣水泥

C. 粉煤灰水泥　　D. 火山灰水泥

10. 有抗冻要求的混凝土工程,应选用(   )。

A. 矿渣水泥　　B. 硅酸盐水泥

C. 普通水泥　　D. 火山灰水泥

四、判断题

1. 硅酸盐水泥中 C2S 早期强度低,后期强度高,而 C3S 正好相反。(   )

2. 硅酸盐水泥中游离氧化钙、游离氧化镁及石膏过多,都会造成水泥的体积安定性不良。(   )

3. 用沸煮法可以全面检验硅酸盐水泥的体积安定性是否良好。(   )

4. 按规定,硅酸盐水泥的初凝时间不迟于 45min。(   )

5. 因水泥是水硬性的胶凝材料,所以运输和贮存中均不须防潮防水。(   )

6. 任何水泥在凝结硬化过程中都会发生体积收缩。(   )

7. 道路硅酸盐水泥不仅要有较高的强度,而且要有干缩值小、耐磨性好等性

质。( )

8. 高铝水泥具有快硬、早强的特点,但后期强度有可能降低。( )

9. 硫铝酸盐系列水泥不能与其他品种水泥混合使用。( )

10. 测定水泥的凝结时间和体积安定性时都必须采用标准稠度的浆体。( )

五、问答题

1. 硅酸盐水泥熟料由哪些矿物成分所组成?主要水化产物有哪些?

2. 何谓活性混合材料和非活性混合材料?它们掺入到水泥中有何作用?

3. 为何粒化高炉矿渣是活性混合材料,而慢冷矿渣则是非活性混合材料?

4. 为什么生产硅酸盐水泥时掺适量石膏对水泥不起破坏作用,而硬化水泥石在有硫酸盐的环境介质中生成石膏时就有破坏作用?

第四章
混　凝　土

【考点总结】

一、普通混凝土组成材料的技术要求

(一)组成及各组成材料的作用

1.水,水泥→水泥浆→硬化前的流动性;粘结;填充。

2.石子,砂→骨料→构成骨架;填充;抑制干缩;节约水泥。

(二)砂颗粒级配和粗细程度

1.混凝土对砂的要求:

1)空隙率小→密实度↑强度↑水泥用量↓→颗粒大小搭配;

2)颗粒总表面积小→水泥用量↓→砂尽可能粗。

2.计算

(三)碎石和卵石(粒径＞5mm 的岩石颗粒)

石子两种级配:连续级配与间断级配。

(四)最大粒径

1.石子公称粒级的上限。

2.选择原则:最大粒径尽可能大。

规定:≯1/4 结构截面最小尺寸;

≯3/4 钢筋间最小净距;

板可采用 1/2 板厚的粒径,但≯50mm。

二、和易性

(一)三方面:流动性、粘聚性、保水性

（二）影响和易性的因素

1.用水量：用水量↑水泥浆↑→流动性↑粘聚性↓→硬化后强度↓耐久性↓。

2.水泥浆的稠度（水灰比 W/C）：C 不变，W/C↑稠度↓→强度↓粘聚性↓常用 W/C 范围：0.5～0.8。

3.砂率：砂率与混凝土流动性的关系。

1）砂率过大，随着SP↑坍落度↓；

2）砂率过小，随着SP↑坍落度↓。

3）"最佳砂率"在用水量和水泥用量不变前提下，可使混凝土拌合物获得最大流动性，且保持良好粘聚性及保水性的砂率。

4.其他因素：

1）水泥品种与性质；

2）温度（温度↑10℃，坍落度↓20～40mm）；

3）时间；

4）外加剂和掺和料；

5）集料条件。

三、混凝土的强度

（一）混凝土的抗压强度及强度等级区别

1.立方体抗压强度："f_{cu}"。

2.立方体抗压强度的标准值："$f_{cu,k}$"。

用标准试验方法测得的混凝土立方体强度的总体分布中，具有不低于95%保证率的立方体抗压强度值。

（二）影响混凝土抗压强度的因素

（三）提高混凝土强度和促进混凝土强度发展的措施

1.采用高标号水泥和快硬早强型水泥；

2.采用低水灰比的干硬性混凝土；

3.采用集配好、质量高、粒径适宜的集料；

4.湿热处理；

5.机械振捣；

6.掺外加剂或掺合料。

四、混凝土的耐久性

（一）混凝土耐久性

抗渗性（P4、P6、P8、P10、P12）；

抗冻性(F50 以上——抗冻混凝土)；

抗腐蚀性；抗碳化性；抗碱骨料反应。

(二)提高混凝土耐久性的措施

1. 选用合适品种的水泥；

2. 减小 W/C 和增加水泥用量；

3. 选用质量好的砂石；

4. 外加剂(减水剂，引气剂)；

5. 提高混凝土的密实度。

【习题】

一、填空题

1. 在混凝土中，砂子和石子起( )作用，水泥浆在硬化前起( )作用，在硬化后起( )作用。

2. 级配良好的骨料，其( )较小。使用这种骨料，可使混凝土拌合物的( )提高，( )用量较少，同时有利于硬化混凝土( )和( )的提高。

3. 碎石表面( )，且具有吸收水泥浆的孔隙特征，所以它与水泥石的粘结能力( )；卵石表面比较( )，与水泥石的粘结能力( )，但混凝土拌合物的( )好。在相同条件下，碎石混凝土比卵石混凝土强度( )。

4. 骨料的含水状态可分为( )、( )、( )和( )。计算普通混凝土的配合比时，一般以( )状态的骨料为基准。

5. 对混凝土用水的质量要求是：不影响混凝土的( )和( )；无损于混凝土( )及( )；不加快钢筋的( )；不引起预应力钢筋的( )；不污染混凝土( )。

6. 和易性是指混凝土拌合物易于( )并能获得( )、( )的混凝土性能。它是一项综合性质，包括( )、( )、( )。

7. 坍落度与坍落扩展度法适用于骨料最大粒径( )mm、坍落度值( )mm 的混凝土拌合物的和易性测定；维勃稠度法适用于骨料最大粒径( )mm，维勃稠度在( )s 之间的混凝土拌合物的稠度测定。

8. 塑性混凝土拌合物的流动性指标是( )，单位是( )；干硬性混凝土拌合物的流动性指标是( )；单位是( )。

9. 实践证明，当砂、石的品种和用量一定时，混凝土拌合物的流动性主要取决于( )的多少。即使( )用量有所变动，混凝土拌合物的( )也基本上保持不变。这种关系称为( )法则。

10.混凝土拌合物的水灰比应以满足混凝土的(　)和(　)为宜,并且在满足(　)和(　)的前提下,应选择(　)的水灰比,以节约(　)的用量。

11.矿渣水泥所配制的混凝土拌合物的流动性大,但(　)差且易发生(　),火山灰水泥在相同水量的条件下,(　)显著降低,但(　)和(　)较好。

12.当混凝土拌合物坍落度太小时,保持(　)不变,增加适量的(　);当坍落度太大时,保持(　)不变 ,增加适量的(　)。

13.合理砂率是指在用水量及水泥用量一定的条件下,使混凝土拌合物获得最大的(　)及良好的(　)与(　)的砂率值;或者是指保证混凝土拌合物具有所要求的流动性及良好的粘聚性与保水性条件下,使(　)用量最少的砂率值。

14.测定混凝土立方体抗压强度的标准试件的尺寸是(　)cm,测定轴心抗压强度的棱柱体标准试件的尺寸是(　)cm,试件的标准养护温度为(　),相对湿度是(　)%。

15.混凝土强度等级采用符号(　)与(　)表示,共分成(　)个强度等级。

16.(　)和(　)是决定混凝土强度最主要的因素。

17.相同配合比的混凝土,试件尺寸越小,测得的强度越(　)。我国规定采用(　)的立方体试件作为标准试件,当采用非标准试件时应(　)。

18.普通混凝土采用蒸汽养护,能提高(　)强度,但会降低(　)强度。

19.混凝土在非荷载作用下变形包括(　)、(　)及(　);荷载作用下的变形分为(　)及(　)。

20.混凝土水灰比较小或在水中养护时,徐变(　);水灰比相同的混凝土,其水泥用量越多,徐变越(　);混凝土所用骨料的弹性模量较大时,徐变较(　);所受应力越大,徐变越(　)。

21.混凝土的抗渗性用(　)来表示,P4表示(　);混凝土的抗冻性用(　)来表示,F25表示(　)。

22.混凝土的徐变是指在(　)荷载作用下,其(　)随着(　)的延长而不断(　)的现象。

23.混凝土的徐变对钢筋混凝土结构的有利作用是(　),不利作用是(　)。

24.混凝土外加剂按其主要功能分为(　)、(　)、(　)、(　)四大类。

25.设计混凝土配合比应同时满足(　)、(　)、(　)、(　)等四项要求。

26.为保证混凝土耐久性,必须满足(　)水灰比和(　)水泥用量要求。

27.普通混凝土的配合比是确定(　)之间的比例关系。配合比常用的表示方法有两种:一是(　);二是(　)。

28.普通混凝土配合比设计的三个重要参数是(　)、(　)、(　)。

29. 在混凝土配合比设计中，水灰比的大小，主要由(　)和(　)等因素决定；用水量的多少主要是根据(　)而确定；砂率是根据(　)而确定。

30. 混凝土配合比设步骤，首先按照已选择的原材料性能及对混凝土的技术要求进行初步计算，得出(　)；经过实验室试拌调整后，得出(　)；然后经过强度和耐久性检验，得出(　)；最后根据现场砂、石子的实际含水率进行调整，求出(　)。

31. 在混凝土拌合物中掺入减水剂后，会产生下列各效果：当原配合比不变时，可以增加拌合物的(　)；在保持混凝土强度和坍落度不变的情况下，可以减少(　)及节约(　)；在保持流动性和水泥用量不变的情况下，可以减少(　)，提高(　)。

32. 混凝土初步配合比计算得出后，还要试配和调整，在此过程中要检验混凝土的(　)。

33. 测定混凝土拌合物和易性的方法有(　)法或(　)法。

二、判断题

1. 当混凝土拌合物流动性过小时，可适当增加拌合物中水的用量。(　)

2. 其他条件相同时，碎石拌制的混凝土强度一定高于卵石拌制的混凝土。(　)

3. 流动性大的混凝土比流动性小的混凝土强度低。(　)

4. 在纵长的混凝土及钢筋混凝土结构物中，每隔一段长度，设置伸缩缝，是为了消除干缩变形产生的影响。(　)

5. 掺混合材料的硅酸盐水泥的抗碳化能力高于硅酸盐水泥的抗碳化能力。(　)

6. 当混凝土拌合物的水泥浆稠度、浆量以及骨料总重不变时，过分地提高砂率，会使拌合物的和易性变差。

7. 混凝土的强度平均值和标准差，都是说明混凝土质量的离散程度的。(　)

8. 混凝土的强度等级是根据标准条件下测得的立方体抗压强度值划分的。(　)

9. 在混凝土中掺入适量减水剂，不减少用水量，则可改善混凝土拌合物的和易性，显著提高混凝土的强度，并可节约水泥。(　)

10. 在水泥强度等级相同的情况下，水灰比越小，混凝土的强度及耐久性越好。(　)

11.相同配合比的混凝土，试件的尺寸越小，所测得的强度值越大。( )

12.基准配合比是和易性满足要求的配合比，但强度不一定满足要求。( )

13.混凝土现场配制时，若不考虑骨料的含水率，实际上会降低混凝土的强度。( )

14.若按混凝土的设计强度进行配合比设计，则混凝土实际上只能达到50%的强度保证率。( )

15.在进行混凝土立方体抗压强度值试验时，加荷速度越快，测得的强度值越大。( )

16.混凝土施工中，统计得出的混凝土强度标准差值越大，则表明混凝土生产质量越稳定，施工水平越高。( )

17.混凝土的干缩对混凝土有较大的危害，而混凝土的湿胀变形值很小，对混凝土性能影响不大。( )

18.拌合物的流动性随温度的升高而降低，故夏季施工时，为保持一定的和易性，应适当提高拌合物的用水量。( )

19.针片状颗粒含量过多，会降低混凝土拌合物的流动性及混凝土的强度及耐久性。( )

20.在混凝土中掺入引气剂，则混凝土密实度降低，因而使混凝土的抗冻性亦降低。( )

21.泵送混凝土、滑模施工混凝土及远距离运输的商品混凝土常掺入缓凝剂。( )

22.复合外加剂往往比单一的外加剂效果更明显。( )

23.在条件相同的情况下，用火山灰水泥拌制的混凝土拌合物流动性较小，而用矿渣水泥拌制的混凝土拌合物流动性较大。( )

24.混凝土碳化的速度与水灰比的大小有关，水灰比越大，碳化速度越快。( )

25.潮湿养护的时间越长，混凝土强度增长越快。( )

26.混凝土的强度越高，则其弹性模量越高。( )

27.混凝土拌合物中，水泥浆越多和易性越好。( )

28.拌制混凝土砂越细越好。( )

29.当混凝土的水灰比较小时，其所采用的合理砂率值较小。( )

30.水灰比很小的混凝土，其强度不一定很高。( )

31.混凝土的强度与其水灰比成线性关系。( )

三、单项选择题

1. 试拌混凝土时，调整混凝土拌合物的和易性，可采用调整(　)的办法。

A. 拌合用水量　　B. 水灰比

C. 水泥用量　　D. 水泥浆量

2. 含水率为5%的砂100kg，其中水的重量 $W=$(　)kg。

A. $100\times5\%$　　B. $100-100\div(1+5\%)$

C. $(100-5)\times5\%$

3. 当混凝土拌合物流动性偏小时，应采取(　)的办法来调整。

A. 保持水灰比不变的情况下，增加水泥浆数量

B. 加适量水

C. 延长搅拌时间

D. 加氯化钙

4. 用高强度等级的水泥配制低强度等级混凝土时，需采用(　)措施，才能保证工程的技术经济要求。

A. 减小砂率　　B. 掺混合材料

C. 增大粗骨料的粒径　　D. 适当提高拌合物水灰比

5. 设计混凝土配比时，配制强度要比设计要求的强度等级高些，提高幅度的多少，取决于(　)。

A. 设计要求的强度保证率

B. 对坍落度的要求

C. 施工水平的高低

D. 要求的强度保证率和施工水平的高低

6. 混凝土配合比设计时，最佳砂率是根据(　)确定的。

A. 坍落度和石子种类　　B. 水灰比和石子种类

C. 坍落度、石子种类和最大粒径　　D. 水灰比、石子种类和最大粒径

7. 以下可以表示轻骨料强度的指标是(　)。

A. 压碎指标值　　B. 筒压强度值

C. 块体强度　　D. 立方体强度值

8. 夏季混凝土施工时，应首先考虑加入的外加剂是(　)。

A. 引气剂　　B. 缓凝剂　　C. 减水剂　　D. 速凝剂

9. 混凝土强度等级是按照(　)来划分的。

A. 立方体抗压强度值　　B. 立方体抗压强度标准值

C. 立方体抗压强度平均值　　　　D. 棱柱体抗压强度值

10. 大体积混凝土工程常用的外加剂是(　)。

A. 引气剂　B. 缓凝剂　C. 减水剂　D. 速凝剂

11. 混凝土最常见的破坏型式是(　)。

A. 骨料破坏　　　　B. 水泥石的破坏

C. 骨料与水泥石的粘结界面破坏

12. 下列外加剂中,对混凝土早期强度提高影响最大的是(　)。

A. 木质素磺酸钙　　　　B. 糖蜜减水剂

C. 氯化钙　　　　D. 松香热聚物

13. 混凝土拌合物的和易性好坏,不仅直接影响工人浇注混凝土的效率,而且会影响(　)。

A. 混凝土硬化后的强度　　　　B. 混凝土密实度

C. 混凝土耐久性　　　　D. 混凝土密实度、强度、耐久性

14. 坍落度是表示塑性混凝土(　)的指标。

A. 流动性　B. 粘聚性　C. 保水性　D. 含砂情况

15. 测定混凝土拌合物坍落度时应量测坍落度筒顶面与坍落后的混凝土拌合物顶面(　)处之间的距离。

A. 最高点　B. 中间　C. 最低点

16. 普通混凝土的抗压强度等级是以具有 95%保证率的(　)的立方体抗压强度代表值来确定的。

A. 3　B. 7　C. 28　D. 3、7、28

17. 喷射混凝土必须加入的外加剂是(　)。

A. 早强剂　B. 减水剂　C. 引气剂　D. 速凝剂

18. 掺入引气剂后混凝土的(　)显著提高。

A. 强度　B. 抗冲击性　C. 弹性模量　D. 抗冻性

19. 冬季混凝土施工时,首先应考虑加入的外加剂是(　)。

A. 早强剂　B. 减水剂　C. 引气剂　D. 速凝剂

20. 对混凝土拌合物流动性起决定作用对是(　)。

A. 水泥用量　B. 用水量　C. 水灰比　D. 砂率

21. 在试拌混凝土时,发现混凝土拌合物对流动性偏大,应采取(　)。

A. 直接加水泥　　　　B. 保持砂率不变,增加砂石用量

C. 保持 W/C 不变,加水泥浆　　D. 加混合材料

22. 普通混凝土的抗压强度测定,若采用 100mm×100mm×100mm 的立方

体试件，则试验结果应乘以换算系数(　)。

A. 0.90　　B. 0.95　　C. 1.05　　D. 1.10

23. 设计混凝土配合比时，确定水灰比的原则是按满足(　)而定。

A. 混凝土强度

B. 最大水灰比限值

C. 混凝土强度和最大水灰比限值

D. 小于最大水灰比

四、多项选择题

1. 在保证混凝土强度不变及水泥用量不增加的条件下，改善和易性最有效的方法是(　)。

A. 掺加减水剂　　B. 调整砂率

C. 直接加水　　D. 增加石子用量

E. 加入早强剂

2. 骨料中泥和泥块含量大，将严重降低混凝土的以下性质：(　)。

A. 变形性质　　B. 强度　　C. 抗冻性　　D. 泌水性　　E. 抗渗性

3. 普通混凝土拌合物的和易性包括以下含义：(　)。

A. 流动性　　B. 密实性　　C. 粘聚性　　D. 保水性　　E. 干硬性

4. 配制混凝土时，若水泥浆过少，则导致(　)。

A. 粘聚性下降　　B. 密实性差

C. 强度和耐久性下降　　D. 保水性差、泌水性大

E. 流动性增大

5. 若发现混凝土拌合物粘聚性较差时，可采取下列措施来改善：(　)。

A. 增大水灰比

B. 保持水灰比不变，适当增加水泥浆

C. 适当增大砂率

D. 加强振捣

E. 增大粗骨料最大粒径

6. 原材料一定的情况下，为了满足混凝土耐久性的要求，在混凝土配合比设计时要注意(　)。

A. 保证足够的水泥用量　　B. 严格控制水灰比

C. 选用合理砂率　　D. 增加用水量

E. 加强施工养护

7. 碳化对混凝土的不利影响是（ ）。

A. 抗压强度下降　　B. 抗拉和抗弯强度下降

C. 碱度下降，混凝土内钢筋易生锈　　D. 抗冻性变差

E. 体积膨胀开裂

8. 混凝土常用的高效减水剂种类有（ ）。

A. 木质素系减水剂　　B. 萘系减水剂

C. 糖蜜类减水剂　　D. 水溶性树脂系减水剂

E. 缓凝型减水剂

9. 常用的混凝土早强剂种类有（ ）。

A. 松香热聚物　　B. 氯盐类

C. 硫酸盐类　　D. 三乙醇胺

E. 碳酸钾

10. 混凝土发生碱—骨料反应的必备条件是（ ）。

A. 水泥中碱含量高　　B. 骨料中有机杂质含量高

C. 骨料中夹杂有活性二氧化硅成分　　D. 有水存在

E. 混凝土遭受酸雨侵蚀

11. 混凝土在荷载作用下的变形有（ ）。

A. 弹塑性变形　　B. 徐变变形

C. 干湿变形　　D. 化学收缩

E. 塑性收缩

五、问答题

1. 配制混凝土时为什么不能随意加入水或改变水灰比？

2. 何谓混凝土减水剂？简述减水剂的作用机理。

3. 配制混凝土应考虑哪些基本要求？

4.浇灌成型后的混凝土，为什么要在一定龄期内不断洒水养护？为什么夏天要不停地洒水，而冬天可少洒水？

5.如果实测混凝土抗压强度低于设计要求，应采取哪些措施来提高其强度？

6.常用外加剂有哪些？各类外加剂在混凝土中的主要作用有哪些？

7.轻骨料混凝土的物理力学性能与普通混凝土相比较，具有什么特点？

8.何谓混凝土的徐变？徐变发展规律如何？混凝土徐变在结构工程上有何实际意义？

9.混凝土的抗压强度与其他各种强度之间有无相关性？混凝土的立方体强度与棱柱体强度。抗拉强度之间存在什么关系？

10.如何解决混凝土的和易性与强度对用水量要求相反的矛盾？

11.影响混凝土抗渗性的主要因素是什么？如何提高混凝土的抗渗性？

12.影响混凝土抗冻性的主要因素是什么？如何提高混凝土的抗冻性？

13.某工程队于7月份在某工地施工，经现场试验确定了一个掺木质素磺酸钠的混凝土配方，经使用一个月情况均正常。该工程后因资金问题暂停5个月，随后继续使用原混凝土配方开工。发觉混凝土的凝结时间明显延长，影响了工程进度。请分析原因，并提出解决办法。

14.某市政工程队在夏季正午施工，铺筑路面水泥混凝土。选用缓凝减水剂。浇注完后表面未及时覆盖，后发现混凝土表面形成众多表面微细龟裂纹，请分析原因。

15.某工地现配C20混凝土，选用42.5级硅酸盐水泥，水泥用量260kg/m^3，水灰比0.50，砂率30%，所用石子20～40mm，为间断级配，浇注后检查其水泥混凝土，发现混凝土结构中蜂窝、空洞较多，请从材料方面分析原因。

16.某混凝土搅拌站原使用砂的细度模数为2.5，后改用细度模数为2.1的砂，原混凝土配方不变，发觉混凝土坍落度明显变小。请分析原因。

17.为什么混凝土在潮湿条件下养护时收缩较小，干燥条件下养护时收缩较大，而在水中养护时却几乎不收缩？

六、论述题

1.配制混凝土时掺入减水剂，在下列各条件下可取得什么效果？

1)用水量不变时；

2)加入减水剂，水泥用量不变时；

3)加入减水剂减水又减水泥，水灰比不变时。

2.某工地施工人员拟采用下述几个方案提高混凝土拌合物的流动性，试问哪个方案可行？哪个不可行？并简要说明理由。

1)多加些水；

2)保持水灰比不变，适当增加水泥浆数量；

3)加入氯化钙；

4)掺加减水剂；

5)适当加强机械插捣；

6)增大粗骨料的最大粒径。

3.在试拌混凝土时出现下列情况，拌合物和易性达不到要求，问应采取什么措施来改善？

1)混凝土拌合物粘聚性.保水性均好，但坍落度太小；

2)混凝土拌合物坍落度超过原设计要求，保水性较差，且用棒敲击一侧时，混凝土发生局部崩坍。

4.现场浇灌混凝土时，禁止施工人员随意向混凝土拌合物中加水，试从理论上分析加水对混凝土质量的危害？它与成型后的洒水养护有无矛盾？为什么？

5.分析下列各措施，是否可以在不增加水泥用量的条件下提高混凝土的强度？为什么？

1)尽可能增加粗骨料的最大粒径；

2)采用合理砂率；

3)采用较细的砂；

4)采用蒸汽养护混凝土；

5)适当加强机械振捣；

6)改善砂石级配；掺加减水剂；

7)加入氯化钙。

6.如果混凝土在加荷以前就产生裂缝，试分析裂缝产生的原因。

七、计算题

1.用42.5强度等级的水泥拌制的混凝土，在10℃的条件下养护7d，测得其15cm×15cm×15cm立方体试件的抗压强度为15MPa，试推估此混凝土在此温度下28d的强度。

2.某混凝土预制构件厂生产普通水泥混凝土大梁，设计强度为C25，要求大梁混凝土必须达到设计强度80%方可起吊堆放，估计须养护几天以后就可起吊？

3. 已知 15cm×15cm×15cm 的细石混凝土试件，其干重为 8.1kg，问该混凝土的表观密度是多少？若上述混凝土制成如下图尺寸（长＝390mm，宽＝190 mm，高＝190 mm）的混凝土空心砌块，问每块有多重？（空心砌块空洞率为 38%）

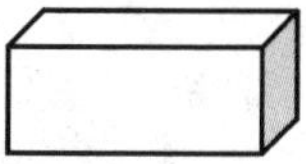

4. 某混凝土经试拌调整后，得配合比为 1：2.20：4.40，$W/C=0.60$，已知 $\rho_c=3.10g/cm^3$，$\rho'_s=2.60g/cm^3$，$\rho'_g=2.65g/cm^3$，试计算 $1m^3$ 混凝土各材料的用量。

5. 现有一组边长为 100mm 的混凝土立方体试件，将它们在标准养护条件下养护 28d，测得试件的破坏荷载分别为 304kN、283kN、266kN。试确定该组混凝土的抗压强度。

6. 某工地采用刚出厂的 42.5 级普通硅酸盐水泥和卵石配制混凝土，其施工配合比为水泥 336kg，水 129kg，砂 698kg，石子 1260kg。已知现场砂、石的含水率分别为 3.5%、1%。问该混凝土是否满足 C30 强度等级要求(σ=5.0MPa)。

7. 设计要求的混凝土强度等级为 C20，要求强度等级保证率 95%。

1)当强度标准差 σ=5.5MPa 时，混凝土的配制为多少？

2)若提高施工管理水平，σ 为 3.0MPa 时，混凝土的配制又为多少？

3)若采用 42.5 级普通水泥，卵石，单位用水量 180kg/m^3，问 σ 从 5.5MPa 降到 3.0MPa，每立方米混凝土可节约水泥多少千克？

8. 某室内钢筋混凝土梁，要求强度等级为 C30，坍落度为 30～50mm。采用 42.5 级普通水泥(ρ_c=3.10 g/cm^3)，卵石(ρ'_g=2.67g/cm^3，D_{max}=40mm)，中砂(ρ'_s=2.63g/cm^3)。试用绝对体积法求混凝土配合比，并计算 15L 的用料量。

9. 某工程需用 C30 碎石混凝土，要求强度保证率达 95%。已从该工地历史统计资料知道，C30 混凝土的标准为 σ_0=4.5MPa。当采用水灰比为 0.45 时，需用哪种强度等级的普通水泥能配制出 C30 混凝土？

10. 某混凝土工程，所用配合比为 C∶S∶G=1∶1.98∶3.90，$W/C=0.64$。已知混凝土拌合物的体积密度为 $2400kg/m^3$，试计算 $1m^3$ 混凝土各材料的用量；若采用 42.5 级普通水泥，试估计该混凝土 28 天强度（已知 $\alpha_a=0.46$、$\alpha_b=0.07$、$K_c=1.13$）。

第五章 建筑砂浆

【考点总结】

一、砂浆的主要技术性质

1. 新抹砂浆的和易性：包括流动性和保水性。

流动性是指砂浆在自重或外力作用下流动的性能。大小用“沉入度”表示。

保水性是指砂浆能够保持水分的能力。好差用“分层度”表示。

2. 硬化砂浆的强度和强度等级：

1）不吸水基层：砂浆强度主要取决于水泥强度和水灰比。

2）吸水基层：砂浆强度主要决定于水泥强度等级和水泥用量，而与水灰比无关。

3. 砂浆的粘结力：砂浆粘结力一般与抗压强度、砖石表面状态、清洁程度、湿润情况以及施工养护条件等都有相当关系。

4. 砂浆的变形性。

二、砌筑砂浆

砌筑砂浆配合比设计

【习题】

一、填空题

1. 建筑砂浆是由（　）、（　）、（　）和（　）按一定比例配制而成的。

2. 建筑砂浆根据所用胶凝材料可分为（　）、（　）、（　），按用途可分为（　）、（　）、（　）、（　）。

3. 水泥砂浆采用的水泥强度不宜大于(　)级，水泥混合砂浆采用的水泥，其强度等级不宜大于(　)级。通常水泥强度等级为砂浆强度等级的(　)倍为宜。

4. 保水性好的砂浆，其分层度应为(　)cm，分层度太小的抹面砂浆，易发生(　)现象。

5. 砂浆流动性的选择应根据(　)、(　)和(　)、等因素来决定。夏天砌筑红砖墙体时，砂浆的流动性应有尽有选得(　)些；砌筑毛石柱时，砂浆的流动性应选的(　)些。

6. 红砖在用水泥砂浆砌筑前，一定要进行浇水湿润，其目的是(　)。

二、选择题

1. 提高砌筑砂浆粘结力的方法通常采用(　)。

A. 砂浆中掺水泥　　B. 将砖浇水润湿

C. 砂浆不掺水　　D. 砂浆中掺石灰

2. 砌筑砂浆中掺石灰是为了(　)。

A. 提高砂浆的强度　　B. 提高砂浆的粘结力

C. 提高砂浆的抗裂性　　D. 改善砂浆的和易性

3. 确定砌筑砂浆强度等级所用的标准试件尺寸为(　)。

A. 150mm×150mm×150mm　　B. 70.7mm×70.7mm×70.7mm

C. 100mm×100mm×100mm

4. 新拌砂浆的和易性包括(　)。

A. 流动性　　B. 粘聚性

C. 保水性　　D. 工作性

5. $1m^3$ 砂浆所用的干砂是(　)。

A. $1m^3$　　B. 大于 $1m^3$

C. 小于 $1m^3$

6. 经过试配与调整最终选用符合试配强度要求且(　)的配合比作为砂浆配合比。

A. 水泥用量最少　　B. 水泥用量最多

C. 流动性最小　　D. 和易性最好

三、判断题

1. 建筑砂浆的组成材料与混凝土一样，都是由胶凝材料、骨料和水组成。(　)

2. 配制砌筑砂浆，宜选用中砂。(　)

3. 砂浆的和易性包括流动性、粘聚性、保水性三方面的含义。( )

4. 影响砌筑砂浆流动性的因素，主要是水泥的用量、砂子的粗细程度、级配等，而与用水量无关。( )

5. 为便于铺筑和保证砌体的质量要求，新拌砂浆应具有一定的流动性和保水性。( )

四、问答题

1. 砌筑砂浆的组成材料有哪些?

2. 砌筑砂浆的主要性质包括哪些?

3. 砂浆的和易性与混凝土的和易性有何异同?

4. 砂浆的保水性主要取决于什么? 如何提高砂浆的保水性?

5. 普通抹面砂浆的技术要求包括哪几方面? 它与砌筑砂浆的技术要求有异同?

五、计算题

要求设计用于砌筑普通毛石砌体的水泥混合砂浆的配合比。设计强度等级为 M10，稠度为 60～70mm。

原材料的主要参数：水泥：32.5 级矿渣水泥；干砂，堆积密度为 1400kg/m^3；石灰膏：稠度 120mm；施工水平：一般。

第六章 墙体材料

【考点总结】

一、烧结普通砖

1. 标准尺寸：240mm×115mm×53mm；

2. 根据所用原料不同，可分为：烧结粘土砖(N)、烧结页岩砖(Y)、烧结煤矸砖(M)和烧结粉煤灰砖(F)；

3. 烧结普通砖的技术要求：包括尺寸偏差、外观质量、强度等级、抗风化性、泛霜和石灰爆裂等。抗风化性能合格的砖，根据尺寸偏差、外观质量、泛霜和石灰爆裂分为优等品(A)、一等品(B)、合格品(C)三个质量等级。

二、烧结多孔砖、空心砖和空心砌块

1. 烧结多孔砖：孔洞率大于或等于15%，主要用于建筑物承重部位；

2. 烧结空心砖和空心砌块：为顶面有孔洞的砖或块，孔尺寸大而数量少，其孔洞率一般可达30%以上，主要用于建筑物非承重部位。

三、墙用砌块

1. 按用途分：承重砌块和非承重砌块；

2. 按有无孔洞分：实心砌块(无孔洞或空心率小于25%)和空心砌块(空心率≥25%)；

3. 按材质分：硅酸盐砌块、轻骨料混凝土砌块、加气混凝土砌块、混凝土砌块等；

4. 按产品主规格的尺寸可分为：大型砌块(高度大于980mm)、中型砌块(高度为 380～980mm)和小型砌块(高度大于 115mm,小于 380mm)。

【习题】

一、填空题

1. 烧结普通砖按抗压强度分为(　)、(　)、(　)、(　)、(　)五个强度等级。
2. 烧结普通砖按照烧结工艺不同主要分为(　)和(　)。
3. 烧结普通砖的抗风化性通常以其(　)、(　)及(　)等指标判别。
4. 砌块通常分为(　)、(　)和(　)三种。
5. 水泥类墙用板材可分为(　)、(　)、和(　)墙板。

二、单项选择题

1. 烧结空心砖是指孔洞率≥(　)%的砌块。
A. 15　　B. 35　　C. 20　　D. 25
2. 空心砌块是指空心率≥(　)%的砌块。
A. 10　　B. 15　　C. 20　　D. 25
3. 蒸压加气混凝土砌块常用(　)粉作为发气剂。
A. 铝　　B. 铜　　C. 铁　　D. 石灰

4. 烧结普通砖 $1m^3$ 砖砌体大约需要砖(　)块。
A. 480　　B. 500　　C. 520　　D. 512

三、多项选择题

1. 用于砌体结构墙体的材料,主要有(　)。
A. 砖　　B. 砌块　　C. 木板　　D. 墙板
2. 强度和抗风化性能合格的烧结多孔砖,根据(　)等分为优等品(A)、一等品(B)和合格品(C)三个质量等级。
A. 尺寸偏差　B. 外观质量　C. 孔型及孔洞排列　D. 泛霜　E. 石灰爆裂
3. 烧结多孔砖常用规格分为(　)型和(　)型两种。
A. M　　B. N　　C. O　　D. P
4. 蒸压灰砂砖是以(　)、(　)为主要原料,经配料、成型、蒸压养护而成。
A. 粉煤灰　　B. 石灰　　C. 砂　　D. 水泥

四、判断题

1. 建筑工程中常用的非烧结砖有灰砂砖、粉煤灰砖、混凝土小型空心砌块

等。(　)

2. 制砖时把煤渣等可燃性工业废料掺入制坯原料中，这样烧成的砖叫内燃砖，这种砖的表观密度较小，强度较低。(　)

3. 空心砖的孔为竖孔，隔热性好，强度高，用作承重墙。多孔砖则相反，用作非承重墙。(　)

五、问答题

1. 烧结普通砖按焙烧时的火候可分为哪几种？各有何特点？

2. 烧结多孔砖、空心砖与实心砖相比，有何优点？

六、计算题

某烧结普通砖抽样 10 块作抗压强度试验(每块砖的受压面积以 120×115mm 计)，结果如下表所示。确定该砖的强度等级。

编　号	1	2	3	4	5	6	7	8	9	10
破坏荷载(kN)	266	235	221	183	238	259	225	280	220	250
抗压强度(MPa)										

第七章 钢材

【考点总结】

一、钢材的概念及分类

(一)钢材的概念

钢材是以铁为主要元素,含碳量一般在2%以下。

(二)钢材的分类

1.按冶炼方法分为转炉钢、平炉钢和电炉钢三种。

2.按脱氧方法分为沸腾钢、镇静钢和半镇静(半脱氧)钢。

3.按压力加工方式分为热加工钢材和冷加工钢材。

4.按化学成分分为非金属钢、低合金钢和合金钢。

5.按主要质量等级分为普通质量钢、优质钢和高级优质钢。

6.按用途分:建筑钢材一般分为钢结构用钢和混凝土结构用钢两种。

二、钢材的性质

1.钢材的性质:包括强度、弹性、塑性、韧性以及硬度等。

1)拉伸四个阶段即强度:屈服强度是确定钢结构设计的主要依据;极限抗拉强度(抗拉强度):是钢材在拉力作用下能承受的最大拉应力。

2)弹性。

3)塑性:常用伸长率(或断面收缩率)和冷弯来表示。

4)冲击韧性:是指钢材抵抗冲击荷载而不破坏的能力。

5)硬度。

2. 钢材化学成分对钢材性质的影响：

1)碳：随着含碳量增加，钢材的强度和硬度相应提高，而塑性和韧性相应降低。

2)磷、硫：磷能使钢的屈服点和抗拉强度提高，塑性和韧性下降，显著增加钢的冷脆性。磷是降低钢材可焊性的元素之一。硫使钢材产生热脆性，大大降低了钢的热加工性和可焊性；硫偏析较严重，降低了冲击韧性、疲劳强度和抗腐蚀性。

3)氧、氮：严重降低钢的韧性，促进时效，降低可焊性。

4)硅、锰：当含量较低时(小于1%)，可提高钢的强度，对塑性、韧性影响不大。

三、冷加工、时效及焊接

1. 冷加工：是钢材在常温下进行的加工。常见方式有冷拉、冷拔、冷扭、刻痕等。

在一定范围内，冷加工变形程度越大，屈服强度提高越多，塑性和韧性降低得越多。

2. 时效：是钢材随时间的延长，强度、硬度提高，而塑性、韧性下降的现象。

3. 焊接：焊接质量取决于焊接工艺、焊接材料及钢的可焊性能。

四、建筑钢材的标准与选用

(一)钢结构用钢

1. 碳素结构钢：

牌号及其表示方法：牌号由代表屈服点的字母Q、屈服点数值(195、215、235、255和275MPa五种)、质量等级符号(A、B、C、D)、脱氧方法等四部分按顺序组成。

2. 低合金高强度结构钢：

牌号的表示方法：由屈服点字母Q、屈服点数值、质量等级(A、B、C、D、E五级)三个部分组成。

(二)混凝土结构用钢：主要有热轧钢筋、冷拉热轧钢筋、冷拔低碳钢丝、冷轧带肋钢筋、热处理钢筋和预应力混凝土用钢丝及钢绞线。

【习题】

一、填空题

1. 建筑钢材按化学成分可分为(　)和(　)两大类。

2. 建筑钢材按质量不同可分为(　)、(　)和(　)三大类。

3. 建筑钢材按用途不同分为(　)、(　)和(　)三大类。

4. 钢材按炼钢过程中脱氧程度不同可分为(　)、(　)、(　)和(　)四大类。

5. 钢材的主要性能包括(　)性能和(　)性能。

6. 钢材的工艺性能包括(　)和(　)。

7. 低碳钢从开始受力至拉断可分为四个阶段:(　)、(　)、(　)和(　)。

8. 国家标准《碳素结构钢》规定,钢的牌号由代表屈服点字母(　)、(　)、(　)和(　)四部分构成。

9. 热轧钢筋根据表面形状分为(　)和(　)。

10. 受动荷载作用结构、焊接结构及低温下工作的结构,不能选用(　)质量等级钢和(　)钢。

二、单项选择题

1. 在钢结构中常用(　)钢,轧制成钢板、钢管、型钢来建造桥梁、高层建筑及大跨度钢结构建筑。

A. 碳素钢　　B. 低合金钢　　C. 热处理钢筋

2. 钢材中(　)的含量过高,将导致其热脆现象发生。

A. 碳　　B. 磷　　C. 硫

3. 钢材中(　)的含量过高,将导致其冷脆现象发生。

A. 碳　　B. 磷　　C. 硫

4. 对同一种钢材,其伸长率 δ_5(　)δ_{10}。

A. 大于　　B. 等于　　C. 小于

5. 钢材随着含碳量的增加,其(　)降低。

A. 强度　　B. 硬度　　C. 塑性

6. 下列碳素钢结构钢牌号中,代表半镇静钢的是(　)。

A. Q195-B·F　　B. Q235-A·F　　C. Q255-B·b　　D. Q275-A

7. 结构设计时,碳素钢以(　)作为设计计算取值的依据。

A. 弹性极限 σ_p　　B. 屈服强度 σ_s

C. 抗拉强度 σ_b　　D. 屈服强度 σ_s 和抗拉强度 σ_b

三、多项选择题

1. 钢材的选用是必须熟悉钢材的质量,注意结构的(　)对钢材性能的不同要求。

A. 荷载类型　　B. 质量　　C. 连接方式　　D. 环境温度

2. 目前我国钢筋混凝土结构中普遍使用的钢材有( )。

A. 热扎钢筋　　B. 冷拔低碳钢丝　　C. 钢铰线　　D. 热处理钢筋

3. 碳素结构钢的质量等级包括( )。

A. A级　　B. B级　　C. C级　　D. D级　　E. E级

4. 预应力混凝土用钢绞线是以数根优质碳素结构钢钢丝经绞捻和消除内应力的热处理后制成。根据钢丝的股数,钢绞线分( )类型。

A. 1×2　　B. 1×3　　C. 1×5　　D. 1×7

5. 经冷拉时效处理的钢材其特点是( )进一步提高,塑性和韧性进一步降低。

A. 塑性　　B. 韧性　　C. 屈服点　　D. 抗拉强度

6. 钢材的腐蚀可分为( )。

A. 化学腐蚀　　B. 物理腐蚀　　C. 电化学腐蚀　　D. 生物腐蚀

7. 钢材热处理的方法有( )。

A 退火　　B. 正火　　C. 淬火　　D. 回火

四、判断题

1. 钢材最大的缺点是易腐蚀。( )
2. 沸腾钢是用强脱氧剂,脱氧充分液面沸腾,故质量好。( )
3. 钢材经冷加工强化后其强度提高了,塑性降低了。( )
4. 钢是铁碳合金。( )
5. 钢材的强度和硬度随含碳量的提高而提高。( )
6. 质量等级为A的钢,一般仅适用于静荷载作用的结构。( )
7. 对于经常处于低温状态的结构,钢材容易发生冷脆断裂,特别是焊接结构更严重,因而要求钢材具有良好的塑性和低温冲击韧性。( )
8. 在钢中添加合金元素可以有效地防止或减少钢材的腐蚀。( )
9. 钢材防锈的根本方法是防止潮湿和隔绝空气。( )
10. 热处理钢筋因强度高,综合性能好,质量稳定,最适于普通钢筋混凝土结构。( )

五、问答题

1. 什么是钢的冲击韧性? 如何表示?

2. 什么是钢的低温冷脆性？

3. 什么是屈强比？其在工程中的实际意义是什么？

六、计算题

1. 有一碳素钢试件的直径 $d_0=20\text{mm}$，拉伸前试件标距为 $5d_0$，拉断后试件的标距长度为125mm，求该试件的伸长率。

2. 从某建筑工地的一批钢筋中抽样，并截取两根钢筋做拉伸试验，测得结果如下：屈服点荷载分别为42.4kN，41.5kN；抗拉极限荷载分别为62.0kN，61.6kN。钢筋实测直径为12mm，标距为60mm，拉断时长度分别为66.0mm，67.0mm。计算该钢筋的屈服强度，抗拉强度及伸长率。

第八章 防水材料

【考点总结】

一、防水材料的分类

防水材料按其组成可分为沥青材料、沥青基防水材料、改性沥青防水材料和合成高分子防水材料。

二、沥青

1. 石油沥青的组分主要有油分、树脂和地沥青质。

2. 石油沥青的技术性质：牌号与针入度关系。

粘滞性(粘性)、塑性、温度敏感性、大气稳定性。

3. 改性沥青：沥青不能满足工程实际需要，对沥青进行改性后的沥青。有矿物填充料改性、聚合物改性(SBS、APP)和其他改性(再生橡胶改性沥青橡胶和树脂共混改性沥青)。

三、沥青防水材料

沥青防水涂料、沥青嵌缝油膏、沥青基卷材。

四、新型防水卷材

1. 高聚物改性沥青防水卷材：SBS 改性沥青防水卷材、APP 改性沥青防水卷材。

2. 合成高分子防水卷材：三元乙丙(EPDM)橡胶防水卷材、聚氯乙烯(PVC)塑料防水卷材、氯化聚乙烯—橡胶共混防水卷材。

【习题】

一、填空题

1. 沥青按原料分为(　)和(　)两类。

2. 石油沥青是一种(　)胶凝材料,在常温下呈(　)、(　)或(　)状态。

3. 石油沥青按用途分为(　)、(　)和(　)三种。

4. 同一品种石油沥青的牌号越高,则针入度越(　),粘性越(　);延伸度越(　),塑性越(　);软化点越(　),温度敏感性越(　)。

5. SBS 改性沥青防水卷材和 APP 改性沥青防水卷材,按胎基分为(　)和(　)两类。

6. 石油沥青胶的主要技术要求包括(　)、(　)和(　);标号以(　)表示,分为(　)、(　)、(　)、(　)、(　)和(　)六个标号。

7. 沥青的老化是指石油沥青是在阳光、空气、水、热等外界因素的作用下,各组分之间会不断演变,(　)、(　)会逐渐减少,(　)逐渐增加。

8. 石油沥青的针入度是指在温度为(　)的条件下,以质量为(　)的标准针,经 5s 沉入沥青中的深度。

二、单项选择题

1. 石油沥青的针入度越大,则其粘滞性(　)。

A. 越大　B. 越小　C. 不变　D. 两者无关

2. 为避免夏季流淌,一般屋面用沥青材料软化点应比本地区屋面最高温度高(　)℃以上。

A. 10　B. 15　C. 20　D. 30

3. 石油沥青的牌号主要根据其(　)划分。

A. 针入度　B. 延伸度　C. 软化点　D. 溶解度

4. 对于 SBS 改性沥青防水卷材,(　)号及其以下品种用作多层防水,该标号以上的品种可用作单层防水或多层防水的面层。

A. 55　B. 45　C. 35　D. 65

5. 弹性体沥青防水卷材、塑性体沥青防水卷材均以(　)划分标号。

A. 每 1m 的质量(kg/m)　B. 每 $1m^2$ 的质量(kg/m^2)

C. 每 $10m^2$ 的质量($kg/10m^2$)　D. 每 $1m^2$ 的质量(g/m^2)

6. 三元乙丙橡胶(EPDM)防水卷材属于(　)防水卷材。

A. 合成高分子　　B. 沥青　　C. 高聚物改性沥青　　D. PVC

7. 沥青胶的标号主要根据其(　)划分。

A. 粘结力　　B. 耐热度　　C. 柔韧性　　D. 针入度

三、多项选择题

1. 石油沥青的组分主要包括(　)三种。

A. 油分　　B. 树脂　　C. 地沥青质　　D. 蜡

2. 石油沥青的粘滞性，对于液态石油沥青用(　)表示，单位为(s)；对于半固体或固体石油沥青用(　)表示，单位为(0.1mm)。

A. 柔韧性　　B. 粘度　　C. 针入度　　D. 流动性

3. 下列不宜用于屋面防水工程中的沥青是(　)。

A. 建筑石油沥青　　B. 煤沥青　　C. SBS 改性沥青　　D. 道路石油沥青

4. 防水卷材根据其主要防水组成材料分为(　)三大类。

A. 沥青类防水卷材　　B. 玻璃纤维类防水卷材

C. 改性沥青类防水卷材　　D. 合成高分子类防水卷材

四、问答题

1. 建筑石油沥青、道路石油沥青和普通石油沥青的应用有何区别？

2. 煤沥青与石油沥青相比有何区别？

3. 什么是 SBS 改性沥青防水卷材、APP 改性沥青防水卷材？两者应用范围有何区别？

4. 什么是冷底子油？冷底子油在建筑防水工程中的作用如何？

第九章
合成高分子材料

【考点总结】

一、塑料的概念、组成、分类

(一)概念

(二)组成:合成树脂、添加剂

添加剂有填充剂、增塑剂、稳定剂、润滑剂等。

(三)分类

按树脂的合成方法分为聚合物塑料和缩合物塑料。

按受热时所发生的变化不同分为热塑性塑料和热固性塑料。

二、塑料的性质及常用品种

(一)主要性质

优点:质量轻、比强度高、保温绝热性好、加工性能好、富有装饰性。

缺点:易老化、易燃、耐热性差、刚性差等。

(二)常用品种

聚乙烯塑料(PE)、聚氯乙烯塑料(PVC)、聚苯乙烯塑料(PS)、聚丙烯塑料(PP)、聚甲基丙烯酸甲酯(PMMA)、聚酯树脂(PR)、酚醛树脂(PF)、有机硅树酯(Si)。

【习题】

一、填空题

1. 一般塑料对酸、碱、盐及油脂均有较好的(　)能力。其中最为稳定的

( ),仅能与熔融的碱金属反应,与其它化学物品均不起作用。

2. 酚醛塑料属( )塑料。

3. 高分子材料主要包括( )、( )、( )三大类。其中以( )产量最大,应用最广。

4. 填充料的种类很多,按化学成分可分为( )和( )。

5. 组成粘结剂的材料有:( )、( )、( )、( )等。

二、单项选择题

1. ( )是常用的热塑性塑料。

A. 氨基塑料　B. 三聚氰氨塑料　C. ABS 塑料　D. 脲醛塑料

2. 高压聚乙烯具有( )特点。

A. 强度低,较柔软　B. 结晶度、密度较高　C. 分子链支链少　D. 分子量大

3. 常用作食品保鲜膜的是( )。

A. PS　B. PVC　C. PE　D. PMMA

4. 下列( )属于热塑性塑料。

①聚乙烯塑料②酚醛塑料③聚苯乙烯塑料④有机硅塑料

A. ①②　B. ①③　C. ③④　D. ②③

5. 用于结构非受力部位的粘结剂是( )。

A. 热固性树脂　B. 热塑性树脂　C. 橡胶　D. B+C

三、判断题

1. 软聚氯乙烯薄膜能用于食品包装。( )

2. 以塑料为基体、玻璃纤维为增强材料的复合材料,通常称为玻璃钢。( )

3. 聚乙烯醇与水玻璃配合组成的胶粘剂,称为 106 胶。( )

4. 在粘接过程中,胶粘剂必须是容易流动的液相状态物质。( )

5. 液体状态的聚合物几乎全部无毒,而固化后的聚合物多半是有毒的。( )

四、问答题

1. 指出聚合反应的类型及其区别。

2.塑料的组成与固化剂的作用如何？

3.指出热塑性塑料与热固性塑料的特点，并列举几种常用品种。

4.发挥胶粘剂作用的基本条件是什么？

第十章 建筑功能材料

【考点总结】

一、绝热材料

导热系数不宜大于 0.175W/m·K。

二、吸声材料

凡 6 个频率的平均吸声系数大于 0.2 的材料，可称为吸声材料。

三、其他材料了解大致内容

【习题】

一、单项选择题

1. 对保温隔热材料通常要求其导热系数不宜大于。( )
   A. 0.4W/m·K　　B. 0.32W/m·K
   C. 0.175W/m·K　　D. 0.1W/m·K
2. 合成树脂乳液内墙涂料(又名内墙乳胶漆)的质量等级可分为( )。
   A. 合格品
   B. 一等品、合格品
   C. 优等品、一等品、合格品
   D. 特等品、优等品、一等品、合格品
3. 在下列玻璃中，( )可以作为防火玻璃，可起隔绝火势的作用。

A. 钢化玻璃　　　　B. 夹丝玻璃
C. 镀膜玻璃　　　　D. 夹层玻璃

二、判断题

1. 釉和玻璃都没有固定的熔点。（ ）
2. 大理石是变质岩，为碱性石材。（ ）
3. 花岗石板材是酸性石材，不怕酸雨，强度大、硬度高，因此可以用于室内、外墙面、地面、柱面、台阶等。（ ）
4. 釉面砖又称瓷砖、瓷片，是以难熔粘土为主要原料、二次或一次烧成的精陶制品，属于炻质砖。主要适用于室内墙面、柱面、台面、电梯门脸等。（ ）
5. 玻璃是典型脆性材料，导热系数大，导热性好。（ ）
6. 空心玻璃砖是一种具有干燥空气层的空腔，并周边均密封的玻璃制品，因此保温绝热性能和隔声性能好。（ ）
7. 阔叶树材质比针叶树硬，称为硬木材。（ ）

三、问答题

1. 装饰材料按材料在建筑物中的装饰部位分为哪几类？

2. 饰面陶瓷砖有哪几种？其性能、特点和用途各如何？

3. 建筑玻璃品种主要有哪些？

第十一章
木材及其制品

【考点总结】

一、木材的分类和构造

(一)分类:分针叶树和阔叶树两类

(二)构造

1.宏观构造:木材主要由树皮、木质部和髓心组成。

2.微观构造:木材是由无数管状细胞紧密结合而成。

二、含水量

1.木材中的水:内部有大量的自由水和吸附水,当自由水蒸发,不影响木材的尺寸变化和力学性质,当自由水完全蒸发后,吸附水开始蒸发,木材的体积和强度均匀发生变化。

2.纤维饱和点:转折点。

3.平衡含水率:当木材的含水率与周围空气相对湿度达到平衡时,称为木材的平衡含水率。

【习题】

一、填空题

1.树木分针叶树和阔叶树两类,取自前者的木材称为( )木材,后者则称为( )木材。

2.在木材的每一年轮中,色浅而质软的部分称为(　);色深而质硬的部分称为(　)。

3.髓线是木材中较脆弱的部位,干燥时常沿髓线发生(　)。

4.当木材中没有自由水,而细胞壁内充满(　),达到饱和状态时,称为木材的(　)。

5.木材在长期荷载作用下不致引起破坏的最大强度称为(　)。

6.木材中(　)水发生变化时,木材的物理力学性质也随之变化。

7.木材的胀缩变形是各向异性的,其中(　)向胀缩最小,(　)向胀缩最大。

二、单项选择题

1.木材的力学指标是以木材含水率为(　)%时为标准的。

A.12　B.14　C.16　D.18

2.木材在不同受力下的强度,按其大小可排成如下顺序(　)。

A.抗弯>抗压>抗拉>抗剪　B.抗压>抗弯>抗拉>抗剪

C.抗拉>抗弯>抗压>抗剪　D.抗拉>抗压>抗弯>抗剪

3.(　)是木材物理、力学性质发生变化的转折点。

A.纤维饱和点　B.平衡含水率

C.饱和含水率　D.A+B

4.一般情况下,所用木材多取自(　)。

A.木质部　B.髓心　C.年轮　D.树皮

5.木材强度中最大的是(　)强度。

A.顺纹抗压　B.顺纹抗剪

C.顺纹抗拉　D.抗弯

6.含水率5%的含水木材100克,其中水的质量为(　)。

A.100×5%　B.(100-5)×5%

C.100-100/(1+5%)　D.100/(1-5%)-100

7.木材在进行加工使用前,应预先将其干燥至含水率达(　)。

A.纤维饱和点　B.使用环境长年平均平衡含水率

C.标准含水率　D.气干状态

三、多项选择题

1.木材含水率变化对以下哪两种强度影响较大(　)强度。

A.顺纹抗压　B.顺纹抗拉　C.抗弯　D.顺纹抗剪

2. 木材的疵病主要有(　)。

A. 木节　　B. 腐朽　　C. 斜纹　D. 虫害

3. 木材可以通过下列(　)方式加以综合利用。

A. 胶合板　　B. 纤维板　　C. 刨花板　　D. 木丝板　　E. 木屑板

四、判断题

1. 结合水是构成木质的组分，一般情况下，不会对木材的性质造成影响。(　)
2. 木材的持久强度等于其极限强度。(　)
3. 真菌在木材中生存和繁殖，必须具备适当的水分、空气和温度等条件。(　)
4. 木材胀缩变形的特点是径向变化率最大，顺纹方向次之，弦向最小。(　)
5. 木材的强度随着含水量的增加而下降。(　)
6. 木结构或木制品表面进行油漆，主要是为了增加美观。(　)

五、问答题

1. 木材的抗拉强度最高，但实际上木材多用作顺纹受压或受弯构件，而很少用作受拉构件，这是为什么？

2. 为什么木材使用前必须干燥，使其含水率接近使用环境下的平衡含水率？

3. 常言道，木材是“湿千年，干千年，干干湿湿二三年”。请分析其中的道理。

4. 将同一树种、含水率分别为纤维饱和点和大于纤维饱和点的两块木材进行干燥，干燥后的含水率相等。问哪块干缩率大？为什么？

模拟考试一

一、填空题

1. 材料的耐水性是指材料在长期(　)作用下,(　)不显著降低的性质。

2. 在混凝中,砂子和石子起(　)作用,水泥浆在凝结前起(　)作用,在硬化后起(　)作用。

3. 测定砂浆强度的试件尺寸是(　)cm 的立方体。在(　)条件下养护(　)d,测定其强度。

4. 砂子的筛分曲线表示砂子的(　)、细度模数表示砂子的(　)。

5. 生产硅酸盐水泥时,必须掺入适量的石膏,其目的是(　),当石膏掺量过多时会导致(　)。

6. 碳素钢按含碳量的多少分为(　)、(　)和(　)。建筑上多采用(　)。

7. 配制混凝土时要用(　)砂率,这样可在水泥用量一定的情况下,获得最大的(　)。

8. 木材中存在于(　)中的水称为吸附水;存在细胞腔和(　)的水称为自由水。

9. 木材的胀缩变形是各向异性的,其中(　)方向胀缩最小。(　)方向胀缩最大。

10. 石油沥青的三大技术指标是(　)、(　)和(　)。

二、单项选择题

1. 结构设计时,碳素钢以(　)强度作为设计计算取值的依据。

A. σ_p　　B. σ_s　　C. σ_b

2. 木材的含水率在纤维饱和点以下时,当含水率增加时,木材的强度(　)。

A. 提高　　B. 不变　　C. 降低

3. 钢材随其含碳量的提高,其塑性和韧性(　)。

A. 降低　　B. 提高　　C. 不变

4. 对直接受动荷载作用的结构应选用(　)钢。

A. Q235－C　　B. Q275　　C. Q235－A·F

5. 混凝土冬季施工时,可加的外加剂是(　)。

A. 速凝剂　　　　B. 早强剂　　　　C. 引气剂

6. 石油沥青油毡的标号是以(　)划分的。

A. 油毡的抗拉强度(MPa)　　　　B. 油毡的单位重量

C. 油毡的原纸的单位重量

7. 国家标准规定,普通硅酸盐水泥的初凝时间为(　)。

A. 不早于 30 分钟　　B. 不迟于 30 分钟　　C. 不早于 45 分钟

8. 石灰膏在硬化过程中体积要发生(　)等变化。

A. 膨胀　　　　B. 收缩　　　　C. 不变

9. 引起水泥石腐蚀的内在因素是水泥石中存在有(　)。

A. 氢氧化钙　　　　B. f—MgO　　　　C. 未水化的水泥

10. 混凝土配合比设计中的三个重要参数是(　)。

A. 用水量、水泥用量、砂用量　　　　B. 用水量、W/C、S_p

C、W/C、水泥用量、S_p

三、多项选择题

1. 水泥细度可用下列方法表示:(　)。

A. 筛析法　　B. 比表面积法　　C. 试饼法　　D. 雷氏法

2. 影响水泥体积安定性的因素主要有:(　)。

A. 熟料中氧化镁含量　　　　B. 熟料中硅酸三钙含量

C. 水泥的细度　　　　D. 水泥中三氧化硫含量

3. 水泥石的腐蚀包括(　)。

A. 溶解腐蚀　　B. 硫酸盐的腐蚀　　C. 镁盐的腐蚀　　D. 碳酸的腐蚀

4. 混凝土拌合物的和易性选择可依据(　)。

A. 工程结构物的断面尺寸　　　　B. 钢筋配置的疏密程度

C. 捣实的机械类型　　　　D. 施工方法和施工水平

5. 集料中有害杂质包括(　)。

A. 含泥量和泥块含量　　　　B. 硫化物和硫酸盐含量

C. 轻物质含量　　　　D. 云母含量

6. 混凝土配合比设计时必须按耐久性要求校核(　)。

A. 砂率　　B. 单位水泥用量　　C. 浆集比　　D. 水灰比

7. (　)是沥青标号划分的主要依据。

A. 针入度　　B. 软化点　　C. 沥青质含量　　D. 含硫量

8. 我国现行国家标准测定金属硬度的方法有(　)。

A. 布氏硬度　B. 络氏硬度　C. 维氏硬度　D. 摩氏硬度

9. 存在于钢材的杂质，对钢材的性能产生良好影响的是(　)。

A. 硫　B. 氧　C. 锰　D. 硅

10. 建筑木材的力学性质与(　)等有密切关系。

A. 含水率　B. 温度　C. 荷载状态　D. 木材缺陷

四、判断题

1. 砂浆的和易性包括流动性、粘聚性、保水性三方面的含义。(　)

2. 用于多孔吸水基面上的砌筑砂浆，其强度主要决定于水泥标号和水泥用量，而与水灰比的大小无关。(　)

3. 在结构设计时，屈服点是确定钢材许用应力的主要依据。(　)

4. 钢材的品种相同时，其伸长率 $\delta10>\delta5$。(　)

5. 流动性大的混凝土比流动小的混凝土的强度低。(　)

6. W/C 很小的混凝土，其强度不一定很高。(　)

7. 石油沥青的组份是油分，树脂和地沥青质，它们都是随时间的延长而逐渐减少的。(　)

8. 石油沥青的粘滞性用针入度表示，针入度值的单位是“mm”。(　)

9. 材料的孔隙率越大，其抗冻性越差。(　)

10. 木材的湿胀变形随着含水率的提高而增大。(　)

五、问答题

1. 现有甲、乙两厂生产的硅酸盐水泥熟料，其矿物组成如下表所示，试估计和比较这两厂生产的硅酸盐水泥的强度增长速度和水化热等性质上有何差异？为什么？

生产厂	熟料矿物组成(%)			
	C_3S	C_2S	C_3A	C_4AF
甲厂	52	21	10	17
乙厂	45	30	7	18

2. 某住宅工程工期较短，现有强度等级同为42.5级硅酸盐水泥和矿渣水泥可选用。从有利于完成工期的角度来看，选用哪种水泥更为有利？

3. 某工地材料仓库存有白色胶凝材料3桶，原分别标明为磨细生石灰、建筑石膏和白水泥，后因保管不善，标签脱落，问可用什么简易方法来加以辩认？

六、计算题

1. 取500g干砂，经筛分后，其结果见下表。试计算该砂的细度模数，并判断该砂是否属于中砂。

筛孔尺寸(mm)	4.75	2.36	1.18	0.6	0.3	0.15	<0.15
筛余量(g)	8	82	70	98	124	106	14

2. 今有软化点分别为95℃和25℃的两种石油沥青，某工程的屋面防水要求使用软化点为75℃的石油沥青，问应如何配制？

模拟考试二

一、填空题

1.材料的密度是指材料在(　)状态下单位体积的质量;材料的表观密度是指材料在(　)状态下单位体积的质量。

2.材料的吸水性大小用(　)表示,吸湿性大小用(　)表示。

3. 材料的耐水性可以用(　)系数表示,该值越大,表示材料的耐水性(　)。

4. 抗渗性和抗冻性要求都高的混凝土工程,宜选用(　)水泥。

5. 硅酸盐水泥的主要水化产物是(　)、(　)、(　)和(　)。

6. 随含水率增加,多孔材料的密度(　),导热系数(　)。

7. 按树脂的合成方法可将塑料分为(　)、(　)。

8. 影响不吸水基层砂浆强度的主要因素有(　)和(　)。

9.P8 表示(　)无渗透现象。

10. 低碳钢拉伸中经历了(　)、(　)、(　)、(　)四个阶段。

二、单项选择题

1.当材料的润湿边角 θ 为(　)时,称为憎水性材料。

A. $>90°$　　B. $\leqslant 90°$　　C. $0°$

2.当材料的软化系数为(　)时,可以认为是耐水材料。

A. >0.80　　B. <0.80　　C. $=0.75$

3.砂率是砂的质量和(　)的比值。

A.混凝土质量　　B.砂石总质量　　C.石子质量

4.石灰硬化过程中,体积发生(　)。

A.微小收缩　　B.膨胀　　C.较大收缩

5.导致钢材热脆性的最主要因素有(　)。

A.含碳量　　B、含硫量　　C.含磷量

6.硅酸盐水泥中熟料矿物成分按水化反应速度由快到慢排序正确的是(　)。

A. C_3A　C_4AF　C_2S　C_3S

B. C_3A　C_3S　C_2S　C_4AF

C. C_3A　C_3S　C_4AF　C_2S

7. 硅酸盐 II 性水泥中掺加掺和料的比例是(　)%。

A. 0　　B. 0～5　　C. 6～15

8. 原材料与施工方法确定时，影响混凝土强度的决定性因素是(　)。

A. 水泥用量和水灰比　　B. 外加剂　　C. 骨料的质量

9. 三乙醇胺是(　)。

A. 早强剂　　B. 缓凝剂　　C. 引气剂

10. 木材材性变化的转折点是(　)。

A. 纤维饱和点　　B. 平衡含水率　　C. 标准含水率。

11. 随着时间的延长，石油沥青的组分递变的顺序是(　)。

A. 油份→树脂→地沥青质

B. 树脂→油份→地沥青质

C. 油份→地沥青质→树脂

12. 沥青的牌号是按针入度划分的，牌号越大，粘性(　)

A. 越好　　B. 越差　　C. 保持不变

三、多项选择题

1. 混凝土用石子的最大粒径不得(　)。

A. 大于结构截面最小尺寸的 1/4　　B. 大于钢筋间最小净距的 3/4

C. 等于结构截面最小尺寸　　D. 等于钢筋间最小净距

2. 工程石油沥青按用途分为(　)三类。

A. 道路石油沥青　　B. 建筑石油沥青

C. 普通石油沥青　　D. 氧化石油沥青

3. 下列砖中的免烧砖有(　)。

A. 灰砂砖　　B. 实心粘土砖　　C. 粉煤灰砖　　D. 空心粘土砖

4. 引起水泥安定性不良的因素是水泥石中存在有(　)。

A. 氢氧化钙　　B. f—MgO　　C. 未水化的水泥　　D. 过量的石膏

5. 钢材的选用原则有(　)和钢材厚度等。

A. 荷载性质　　B. 使用温度　　C. 结构重要性　　D. 联接方式

6. 混凝土和易性主要包含(　)等方面的内容。

A. 流动性　　B. 稠度　　C. 粘聚性　　D. 保水性

7. 提高混凝土强度的措施主要有(　)。

A. 采用高强度等级水泥或早强型水泥

B. 采用低水灰比的干硬性混凝土

C. 掺入混凝土外加剂、掺合料

D. 采用湿热处理养护混凝土

8. 对钢材进行冷加工强化及时效处理可提高其（ ）。

A. σ_s　　B. $\sigma_{0.2}$　　C. δ　　D. σ_b

9. 与传统的沥青防水材料相比较，合成高分子防水卷材的突出优点有（ ）。

A. 拉伸强度和抗撕裂强度高　　B. 断裂伸长率大

C. 耐热性和低温柔性好　　D. 耐腐蚀、耐老化

10. 材料在外力作用下产生变形的形式有（ ）。

A. 弹性变形　　B. 塑性变形　　C. 脆性变形　　D. 韧性变形

四、判断题

1. 气硬性胶凝材料一般耐水性能较差。（ ）
2. 吸水率小的材料，其孔隙率一定小。（ ）
3. 烧砖时窑内为氧化气氛制得青砖，为还原气氛时制得红砖。（ ）
4. 硅酸盐水泥的细度越细越好。（ ）
5. 抗渗性要求高的混凝土工程，不能选用矿渣硅酸盐水泥。（ ）
6. 两种砂子的细度模数相同，则它们的级配也一定相同。（ ）
7. 普通碳素结构钢的含碳量越高，硬度越高。（ ）
8. 在混凝土拌合物中，保持 W/C 不变增加水泥浆量，可增大拌合物的流动性。（ ）
9. 木材的四个强度中以顺纹抗拉强度为最大。（ ）
10. 石油沥青的软化点越高，则其温度敏感性越小。（ ）

五、问答题

1. 为什么生产硅酸盐水泥时掺适量石膏对水泥石不起破坏作用，而硬化水泥石在有硫酸盐的环境介质中生成石膏时就有破坏作用？

2. 现有下列混凝土，试选择合适的外加剂并说明原因：

1)大体积混凝土；

2)高强度混凝土；

3)C35 泵送混凝土；

4)混凝土预制构件；

5)抢修及喷锚支护的混凝土；

6)有抗冻要求的混凝土。

3. Q235—AF 与 Q235—D 各表示什么意义？它们在性能与应用上有何区别？

六、计算题

1. 某工地所用卵石材料的密度为 $2.65g/cm^3$、表观密度为 $2.61g/cm^3$、堆积密度为 $1680\ kg/m^3$，计算此石子的孔隙率与空隙率？

2. 对某砂试样进行筛分析，结果如下，试评价该砂的粗细程度。

筛孔尺寸(mm)	4.75	2.36	1.18	0.6	0.3	0.15	<0.15
筛余量(g)	20	10	110	190	110	45	15
分计筛余(%)							
累计筛余(%)							

参考答案

第一章 建筑材料基本性质

一、填空题

1.绝对密实;g/cm^3;自然;kg/m^3

2.材料在绝对密实状态下的体积;材料只包含封闭孔隙在内,不包含开口孔隙在内的体积;表观体积,即包含所有孔隙体积在内的体积;堆积体积

3.水;吸水率 $W_{质}$ 或 $W_{体}$;空气中;含水率 $W_{含}$

4.长期饱和水;强度;$K_{软}=\frac{f_{饱}}{f_{干}}$;差;0.80(或0.85)

5.抗渗等级或渗透系数;抗冻等级;导热系数

6.孔隙率;孔隙特征

7.温度变化;干湿交替

8.小;封闭孔;微孔

9. 弹性变形;大

10. 材料强度;强度;表观密度;轻质高强

11. 减小;降低;提高

12. 愈小;愈好;愈好

13. 小;大

14. 热容量值;热容量值

15. 最多冻融循环次数

16.1450kg/m^3;2.703g/cm^3

二、判断题

题号	1	2	3	4	5	6	7
答案	√	×	√	×	×	√	×

题号	8	9	10	11	12	13	14
答案	×	√	√	√	×	√	√
题号	15	16	17	18	19	20	21
答案	√	√	×	×	√	√	×
题号	22	23	24	25	26	27	28
答案	×	×	×	×	×	×	√

三、单项选择题

题号	1	2	3	4	5	6	7	8	9
答案	B	A	B	B	A	D	B	A	C
题号	10	11	12	13	14	15	16	17	18
答案	A	B	A	B	B	B	A	D	B

四、多项选择题

题号	1	2	3	4	5
答案	A、B、D	A、B、C	C、D	A、C	A、C、D
题号	6	7	8	9	10
答案	A、B、C	A、B	A、D	A、B、D	A、C、D

五、问答题

1. 视密度即近似实际密度，$\rho'=\frac{m}{V'}$，V'指的是包含封闭孔隙在内而不包含连通孔隙在内的材料的体积。实际密度 $\rho=\frac{m}{V}$，V 指的是不包含任何孔隙在内的材料的体积。对同一种材料而言，$\rho>\rho'$。

2. 这是一道考查材料保温隔热性能的题目。因为材料受潮或冰冻后，其导热系数增大，保温隔热性能降低，新建房屋的墙体里面含水多，尤其在冬季，易受冻，所以新建房屋的墙体保暖性能差，尤其在冬季。

3.材料的强度指的是材料抵抗破坏的能力，以试件在静荷载作用下，达到破坏时的极限应力值表示，是在试验室按照国家规定的标准试验方法测得的。将建筑材料按其强度值，划分为若干个等级，即强度等级。强度值与强度等级不能混淆，强度值是表示材料力学性质的指标，强度等级是根据强度值划分的级别。

比强度是按单位体积质量计算的材料强度指标，其值等于材料的强度与其表观密度之比。比强度是评价材料轻质高强的指标，其数值大，表明材料轻质高强。

4.评价材料热工性能的常用参数有导热系数(也称热导率)和比热。欲保持建筑物内温度的稳定，应选择比热大一些的材料，欲减少建筑物的热损失，应选择导热系数小一些的材料。

5.主要有以下两个措施：

(1)降低材料内部的孔隙率，特别是开口孔隙率；降低材料内部裂纹的数量和长度；使材料的内部结构均质化。

(2)对多相复合材料应增加界面间的粘结力。如对混凝土材料，应增加砂、石与水泥石间的粘结力。

6.影响材料耐腐蚀的内在因素主要有：

(1)材料的化学组成和矿物组成。如果材料的组成成分容易与酸、碱、盐、氧或某些化学物质起反应，或材料的组成易溶于水或某些溶剂，则材料的耐腐蚀性较差。

(2)非晶体材料较同组成的晶体材料的耐腐蚀性差。因前者较后者有较高的化学能，即化学稳定性差。

(3)材料内部的孔隙率，特别是开口孔隙率。孔隙率越大，腐蚀物质越易进入材料内部，使材料内外部同时受腐蚀，因而腐蚀加剧。

(4)材料本身的强度。材料的强度越低，则抵抗腐蚀的能力越差。

7.混凝土所加入的尿素含量较高，其氨气缓慢透放，污染环境。

8.室内空气中甲醛主要来源是室内装饰及家具中的胶合板、细木板、中密度纤维板和刨花板等人造板。目前生产人造板使用的胶粘剂是以甲醛为主要成分的脲醛树脂，板材中残留的、未参与反应的甲醛逐渐向周围环境释放，形成室内甲醛的主体。当然，部分涂料、贴墙纸等亦会有甲醛污染的问题。对人造板的环保问题应予以足够的重视。

六、计算题

1. 解：这是一道考查材料耐水性能的题目。

$K_{软}=\frac{f_{饱}}{f_{干}}=\frac{183\times10^3/115\times120}{207\times10^3/115\times120}=0.88$，因为 $0.88>0.85$，所以次砖可以用于建筑物中常与水接触的部位。

2. 解：潮湿状态下的表观密度 $\rho_{0湿}=\frac{8.1}{0.15\times0.15\times0.15}=2400\text{kg/m}^3$；

$W_{质}=\frac{m_{湿}-m_{干}}{m_{干}}\times100\%$，即 $4\%=\frac{8.1-m_{干}}{m_{干}}$，解得 $m_{干}=7.788\text{kg}$；干燥状态下的表观密度 $\rho_{0干}=\frac{7.788}{0.15\times0.15\times0.15}=2308\text{kg/m}^3=2.308\text{g/cm}^3$；

$W_{体}=W_{质}\cdot\rho_0=4\%\times2.308=9.24\%$

或：$W_{体}=\frac{m_{湿}-m_{干}}{V_0}\cdot\frac{1}{\rho_{水}}\times100\%=\frac{(8.1-7.788)\times10^3}{15\times15\times15}\times\frac{1}{10}\times100\%=9.24\%$。

3. 解：孔隙率 $P=\left(1-\frac{\rho_0}{\rho}\right)\times100\%=\left(1-\frac{1900}{2.5\times10^3}\right)\times100\%=24\%$；

$W_{体}=W_{质}\cdot\rho_0=10\%\times1.9=19\%$

4. 解：抗拉强度 $\sigma_b=\frac{F}{A}=\frac{31.5\times10^3}{\frac{1}{4}\times3.14\times10^2}=401.3\text{MPa}$。

5. 解：根据孔隙率 $P=\left(1-\frac{\rho_0}{\rho}\right)\times100\%$，代入数据，得：

$1.2\%=\left(1-\frac{\rho_0}{2.62}\right)\times100\%$，解得 $\rho_0=2.59\text{g/cm}^3$。

空隙率 $P'=\left(1-\frac{\rho'}{\rho_0}\right)\times100\%=\left(1-\frac{1580}{2.59\times10^3}\right)\times100\%=39.0\%$。

6. 解：堆积密度 $\rho'_0=\frac{m}{V'_0}=\frac{21.6-6.6}{10\times10^{-3}}=1500\text{kg/m}^3$。

根据空隙率$P'=\left(1-\frac{\rho'_0}{\rho_0}\right)\times100\%$，代入数据，得：

$42\%=\left(1-\frac{1500}{\rho_0}\right)\times100\%$，解得$\rho_0=2586\text{kg/m}^3$。

7. 解：视密度 $\rho'=\frac{200}{386+200-510}\times\rho_{水}(1.0\text{g/cm}^3)=2.63\text{g/cm}^3$。

8. 解：设陶粒混凝土的导热系数为 λ_1，墙厚为 δ_1，普通混凝土的导热系数为

λ_2，墙厚为 δ_2。则 $\lambda_1=\frac{Q\delta_1}{At(T_2-T_1)}$，$\lambda_2=\frac{Q\delta_2}{At(T_2-T_1)}$，$\frac{\lambda_1}{\lambda_2}=\frac{\delta_1}{\delta_2}$，代入数据，$\frac{0.35}{1.40}=\frac{20}{\delta_2}$解得 $\delta_2=80cm$。

9. 解：视密度 $\rho'=\frac{256}{115}=2.23g/cm^3$；

表观密度 $\rho_0=\frac{256}{118}=2.17g/cm^3$；

体积吸水率 $W_{体}=\frac{V_{水}}{V_0}\times100\%=\frac{118-115}{118}\times100\%=2.5\%$；

质量吸水率 $W_{质}=\frac{W_{体}}{\rho_0}=\frac{2.5\%}{2.17}=1.15\%$。

10. 解：该岩石的软化系数为 $K=\frac{168}{178}=0.94$

其软化系数大于 0.85，所以该岩石可用于水下工程。

第二章　气硬性胶凝材料

一、填空题

1. 气硬性胶凝材料；水硬性胶凝材料
2. 生石膏；$CaSO_4\cdot2H_2O$
3. 初凝时间；终凝时间
4. $CaCO_3$
5. ≤5%
6. 干燥；碳化
7. 膨胀；收缩
8. 保证石灰充分熟化
9. $CaSO_4$
10. 膨胀
11. 水玻璃模数；大；快

二、单项选择题

题号	1	2	3	4	5	6
答案	B	C	C	D	B	A

三、多项选择题

题号	1	2	3	4
答案	BC	BCD	ABD	ABCD

四、判断题

题号	1	2	3	4	5	6	7	8	9	10
答案	×	×	√	×	√	√	×	×	×	×

五、问答题

1.1)特性：保水性好；凝结硬化慢，强度低；耐水性差；硬化时体积收缩大。

2)应用：配制成石灰乳涂料或砂浆，用于内墙及天棚的粉刷及抹面；配制灰土和三合土，用于建筑物基础或地面的垫层；制作硅酸盐制品；制作碳化石灰板。

2.建筑石膏凝结硬化快，硬化初期有微膨胀性；孔隙率高，质量较轻，热容量大，吸湿性强，防火性较好。

3.在砌筑或抹面工程中，石灰必须充分熟化后才能使用，若有未熟化的颗粒(过火石灰)，使用后继续熟化，则伴随的体积膨胀使表面凸起、开裂或局部脱落而影响工程质量，为保证石灰充分熟化，必须将石灰预先进行陈伏。

4.水玻璃在常温下硬化，速度较为缓慢。而提高温度或加入促硬剂能大大提高硬化速度。水玻璃的模数对其性质有较大影响，模数愈大，则粘度愈大，愈难溶于水，但易硬化。同一模数的水玻璃其密度愈大，则浓度愈大，粘结力愈大。

第三章　水　泥

一、填空题

1.石灰质原料；粘土质原料；校正原料；石膏

2.水化硅酸钙；水化铝酸钙；水化铁酸钙；水化硫铝酸钙；氢氧化钙

3.硅酸三钙；硅酸二钙；铝酸三钙

4.延缓水泥凝结时间；速凝；水泥石的膨胀而开裂

5. 氧化钙；氧化镁；石膏；废品

6. 铝酸三钙；硅酸三钙；铝酸三钙

7. 42.5；42.5R；52.5；52.5R；62.5；62.5R

8. 细度；凝结时间；体积安定性；水化热；强度

9. 软水；硫酸盐；镁盐；碳酸；一般酸

10. 水蒸气；二氧化碳；水化及硬化；胶结能力；防潮

二、单项选择题

题号	1	2	3	4	5	6	7	8	9	10
答案	C	D	A	B	B	A	A	A	B	C

三、多项选择题

题号	1	2	3	4	5	6	7	8	9	10
答案	ABD	AD	AB	ABC	BCD	BC	ACD	ABCD	BCD	BC

四、判断题

题号	1	2	3	4	5	6	7	8	9	10
答案	×	√	×	×	×	×	√	√	√	√

五、问答题

1. 组成硅酸盐水泥熟料的矿物成分主要有硅酸三钙、硅酸二钙、铝酸三钙和铁铝酸四钙。它们的主要水化产物有水化硅酸钙、水化铝酸钙、水化铁酸钙、水化硫铝酸钙和氢氧化钙。

2. 活性混合材料就是在常温下能与氢氧化钙和水发生水化反应，生成水硬性水化产物，并能逐渐凝结硬化产生强度的混合材料。它掺入到水泥中，可起到改善水泥性能、调节水泥标号或强度等级、扩大水泥应用范围、降低水化热、增加产量和降低成本的作用。非活性混合材料则是在常温下不能与氢氧化钙和水发生水化反应或反应甚微，也不能产生凝结硬化的混合材料。它掺在水泥中主要起填充、扩大水泥强度等级范围、降低水化热、增加产量、降低成本等作用。

3.粒化高炉矿渣和慢冷块状矿渣都是高炉炼铁的熔融矿渣冷却的产物。但由于冷却时的条件不同,所得产物的结构和性质有很大差异。粒化高炉矿渣是熔融矿渣经水或蒸汽急速冷却处理所得到的质地疏松、多孔的粒状物。由于冷却速度很快,熔融矿渣来不及结晶,大部分呈玻璃态,储存有潜在的化学能,在一定条件下易与其他物质发生化学反应,因而具有活性。而慢冷块状矿渣则是熔融矿渣自然慢慢冷却形成的,凝固后呈结晶态,化学性质稳定,难以与其他成分反应,因而活性很小或无活性,故为非活性混合材料。

4.石膏与水泥的水化产物水化铝酸钙反应,会生成比原体积增加1.5倍以上的高硫型水化硫铝酸钙,从而造成体积膨胀。若该过程发生在水泥硬化前,则不仅不会产生破坏作用,而且会使水泥制品更加密实;但若该过程发生在已硬化后的水泥石中,则其体积膨胀就会使已硬化的水泥石开裂、破坏。故生产硅酸盐水泥时掺入的石膏,它与水化铝酸钙的反应发生在水泥硬化前,不会引起破坏作用;而硬化后水泥石再遇到硫酸盐而发生膨胀反应时,就会对水泥石产生膨胀破坏。

第四章　混凝土

一、填空题

1.骨架;润滑;胶结

2.空隙率;和易性;水泥;强度;耐久性

3.粗糙、多棱角;强;光滑;弱;和易性;高

4.干燥状态;气干状态;饱和面干状态;湿润状态;干燥

5.凝结;硬化;强度发展;耐久性;锈蚀;脆断;表面

6.施工操作;质量均匀;成型密实;流动性;粘聚性;保水性

7.不大于40;不小于10;不大于40;5～30

8.塌落度;mm;维勃稠度;S

9.用水量;水泥;流动性;固定用水量

10.强度;耐久性;强度;耐久性;较大;水泥

11.粘聚性;泌水;流动性;粘聚性;保水性

12.水灰比;水泥浆;砂率;砂和石

13.流动性;粘聚性;保水性;水泥

14.15×15×15;15×15×30;20±2℃;95%以上

15.C;立方体抗压强度标准值;十六

16.水泥强度等级;水灰比

17.高;150mm×150mm×150mm;进行换算

18.早期;后期

19.化学收缩;干湿变形;温度变形;短期荷载作用下的变形;长期荷载作用下的变形——徐变

20.较小;大;小;大

21.抗渗等级;P4 表示混凝土能抵抗 0.4MPa 的静水压力而不渗透;抗冻等级;混凝土能承受的冻融循环次数不少于 25 次,且质量损失不超过 5%,强度损失不超过 25%

22.长期;变形;时间;增长

23.可减弱钢筋混凝土内的应力集中,对大体积混凝土能消除一部分由于温度变形所产生的破坏应力;在预应力钢筋混凝土中,混凝土的徐变将使钢筋的预加应力受到损失

24.改善混凝土拌合物流变性的;调节凝结硬化性能的;改善耐久性的;改善其他性能的

25.和易性;强度;耐久性;经济性

26.最大;最小

27.组成材料数量;以 $1m^3$ 混凝土中各种材料的质量表示;以各种材料相互间的质量比来表示

28.水灰比;砂率;单位用水量

29.强度;耐久性;流动性;水灰比

30.初步配合比;基准配合比;设计配合比;施工配合比

31.流动性;用水量;水泥;用水量;强度

32.和易性和强度

33.坍落度与坍落扩展度;维勃稠度

二、判断题

题号	1	2	3	4	5	6	7	8	9	10	11
答案	×	√	×	×	×	√	×	×	×	×	√
题号	12	13	14	15	16	17	18	19	20	21	22
答案	√	√	√	√	×	√	×	√	×	√	√
题号	23	24	25	26	27	28	29	30	31		
答案	√	√	√	√	×	×	√	√	×		

三、单项选择题

题号	1	2	3	4	5	6	7	8
答案	D	B	A	B	D	D	B	B
题号	9	10	11	12	13	14	15	16
答案	B	B	C	C	D	A	A	C
题号	17	18	19	20	21	22	23	
答案	D	D	A	B	B	B	C	

四、多项选择题

题号	1	2	3	4	5	6
答案	A、B	B、C、E	A、C、D	A、B、C	B、C	A、B
题号	7	8	9	10	11	
答案	B、C	A、B、D	B、C、D	A、C、D	A、B	

五、问答题

1.配制混凝土时如果随意加入水，将会使得水灰比增大，这样虽然会增大拌合物的流动性，但会使拌合物的粘聚性、保水性变差，影响混凝土硬化后的密实度、强度、耐久性；同时由于水灰比增大，直接导致混凝土硬化后强度、耐久性降低。

配制混凝土时也不能随意减小水灰比，这样会增加水泥用量，提高混凝土成本。

2.减水剂是指在混凝土坍落度基本相同的条件下，能减少拌合用水量的外加剂。

不加减水剂时，水泥加水拌合会形成絮凝结构，絮凝结构中包裹着部分拌合水，致使混凝土拌合物的流动性较低。掺入减水剂后，减水剂定向吸附在水泥颗粒表面，形成单分子吸附膜，降低了水泥颗粒的粘连能力，使之易于分散；同时水泥颗粒表面带有相同的电荷，产生静电斥力，使水泥颗粒相互分散；再次，亲水基团吸附了大量的极性水分子，增加了水泥颗粒表面水膜厚度，润滑能力增强，水泥颗粒间更宜于滑动。综上所述，减水剂在不增加用水量的情况下，提高了混凝土拌合的物流动性,或在不影响拌合物流动性的情况下,起到了减水作用。

3.配制混凝土时应考虑的的基本要求有:①施工方面要求的混凝土拌合物的和易性;②混凝土结构设计要求的强度等级;③与使用环境相适应的耐久性要求;④尽量节约水泥,降低混凝土成本,符合经济原则。

4.混凝土浇筑成型后,周围环境的湿度对混凝土的强度发展非常重要。如果湿度不够,水泥水化反应不能正常进行,甚至水化停止,不仅严重降低混凝土强度,而且使混凝土结构疏松,形成干缩裂缝,严重影响混凝土的耐久性。《混凝土结构工程施工质量验收规范》(GB 50204—2002)中规定:应在混凝土浇筑完毕后的12h以内对混凝土加以覆盖并保湿养护;混凝土浇水养护的时间,对采用硅酸盐水泥、普通硅酸盐水泥和矿渣硅酸盐水泥拌制的混凝土,不得少于7d;对掺用缓凝型外加剂或有抗渗要求的混凝土,不得少于14d。

因为夏天温度较高,水分蒸发快,所以要不停地洒水。

5.提高混凝土强度的措施有:1)采用高强度等级水泥;2)采用低水灰比,但要注意施工质量,保证其均匀、密实;3)采用外加剂和掺合料;4)采用蒸汽养护或蒸压养护。

6.1)减水剂。其作用效果有:

(1)在用水量及水泥用量不变的条件下,混凝土拌合物的坍落度增大,流动性明显提高,而且不影响混凝土的强度;

(2)在保持拌合物流动性不变的情况下,可减少用水量,若水泥用量也不变,则可降低水灰比,提高混凝土的强度;

(3)在保持流动性及强度不变的情况下,可以在减少拌合用水量的同时,相应减少水泥用量,节约水泥用量,降低混凝土成本;

(4)由于减水剂的掺入,减少了拌合物的泌水、离析现象,还显著改善了混凝土的孔结构,使混凝土的密实度提高,从而可提高混凝土抗渗、抗冻、抗腐蚀等耐久性。

2)早强剂。其作用是加快水泥的凝结、硬化,提高早期强度。

3)引气剂。其作用效果有:

(1)改善混凝土拌合物的和易性;

(2)显著提高混凝土的抗冻性和抗渗性;

(3)降低弹性模量及强度。

4)缓凝剂。其作用效果是能使混凝土拌合物在较长时间内保持塑性状态,以利于浇灌成型,提高施工质量,而且还可延缓水化放热时间,降低水化热。

5)防冻剂。其作用效果是能显著降低混凝土的冰点,使混凝土液相不冻结或仅部分冻结，以保证水泥的水化作用，并在一定的时间内获得预期强度。

6)速凝剂。速凝剂与水泥加水拌合后立即反应，使水泥中的石膏丧失缓凝作用，从而促使 C_3A 迅速水化，产生快速凝结。

7.轻骨料混凝土由于其轻骨料具有颗粒表观密度小，表面粗糙、总表面积大，易于吸水等特点，因此其物理力学性能同普通混凝土相比有较大的不同。

1)和易性。轻骨料混凝土拌合物的粘聚性和保水性好，但流动性差，过大的流动性会使轻骨料上浮、离析；过小的流动性则会使捣实困难。

2)强度。影响轻骨料混凝土强度大小的主要因素与普通混凝土基本相同，即水泥强度与水灰比(水灰比考虑净用水量)。但由于轻骨料强度较低，因而轻骨料强度的高低就成了决定轻骨料混凝土强度高低的主要因素，而且轻骨料用量越多，强度降低越大。

3)绝热性能。轻骨料混凝土具有良好的保温隔热性能，导热系数在0.23～1.01W/(m·K)之间，而普通混凝土的导热系数在1.80W/(m·K)左右。

4)弹性模量与变形。轻骨料混凝土的弹性模量小，一般为同强度等级普通混凝土的50%～70%，制成的构件受力后挠度大是其缺点。轻骨料混凝土的收缩和徐变约比普通混凝土相应大20%～50%和30%～60%，热膨胀系数比普通混凝土小20%左右。

8.混凝土在长期不变荷载作用下，随时间增长的变形称为徐变。混凝土徐变在加荷早期增长较快，然后逐渐减慢，一般要2～3年才能趋于稳定。徐变对钢筋混凝土及大体积混凝土有利，它可消除或减少钢筋混凝土内的应力集中，使应力重新分布，从而使局部应力集中得到缓解，并能消除或减少大体积混凝土由于温度变形所产生的破坏应力；但对预应力钢筋混凝土不利，它可使钢筋的预应力值受到损失。

9.混凝土的抗压强度与其他各种强度之间有相关性。在立方体抗压强度 f_{cu} 为10～55MPa范围时，轴心抗压强度 $f_{cp}\approx(0.70\sim0.80)f_{cu}$。混凝土的劈裂抗拉强度与立方体抗压强度之间的关系为：$f_{ts}=0.35f_{cu}^{3/4}$。

10.当混凝土拌和物的流动性偏小时，需要增大流动性，但为了保证强度不变，应保持水灰比不变，同时增加水和水泥，不能单独加水。

11.影响混凝土抗渗性的主要因素是水灰比的大小。为了提高混凝土的抗渗性可采取掺加引气剂、减小水灰比、选用良好的颗粒级配及合理砂率、加强养护及精心施工等措施。

12.混凝土的抗冻性主要取决于混凝土的孔隙率、孔隙构造特征和含水程度。具有较高密实度及含闭口孔多的混凝土具有较高的抗冻性，混凝土中饱和水程度越高，产生的冰冻破坏越严重。

提高混凝土抗冻性的有效途径是掺入引气剂，在混凝土内部产生互不连通的微细气泡，不仅截断了渗水通道，使水分不易渗入，而且气泡有一定的适应变形能力，对冰冻的破坏作用有一定的缓冲作用。除此之外，可采用减小水灰比、选择抗冻性良好的水泥、提高水泥强度等级、加强养护及精心施工等措施。

13.因木质素磺酸盐有缓凝作用，7～8 月份气温较高，水泥水化速度快，适当的缓凝作用是有益的。但到冬季，气温明显下降，故凝结时间就大为延长，解决的办法可考虑改换早强型减水剂或适当减少减水剂用量。

14.由于夏季正午天气炎热，混凝土表面蒸发过快，造成混凝土产生急剧收缩。且由于掺用了缓凝减水剂，混凝土的早期强度低，难以抵抗这种变形应力而表面易形成龟裂。属塑性收缩裂缝。

预防措施：在夏季施工尽量选在晚上或傍晚，且浇注混凝土后要及时覆盖养护，增加环境湿度，在满足和易性的前提下尽量降低塌落度。若已出现塑性收缩裂缝，可于初凝后终凝前两次抹光，然后进行下一道工序并及时覆盖洒水养护。

15.原因主要有二：①采用高强度等级水泥配制较低强度等级的水泥混凝土，水泥用量少；②石的级配不好，而砂率又偏小，故空隙率大，不易将混凝土振捣密实。

16.因砂粒径变细后，砂的总表面积增大，当水泥浆量不变，包裹砂表面的水泥浆层变薄，流动性就变差，即坍落度变小。

17.混凝土在干燥条件下养护时，由于水化过程不能充分进行，混凝土内毛细孔隙的含量较高，因而干缩值较大；当在潮湿条件下养护时，水分较充足，毛细孔隙的数量相对较少，因而干缩值较小；当混凝土在水中养护时，毛细孔隙内的水面不会弯曲，不会引起毛细压力，所以混凝土不会产生收缩，且由于凝胶表面吸附水，增大了凝胶颗粒间的距离，使得混凝土在水中几乎不产生收缩。但将水中养护的混凝土放置于空气中时，混凝土也会产生干缩，不过干缩值小于一直处于空气中养护的混凝土。

六、论述题

1.1）增大流动性；2）在这种情况下，若保持流动性不变，可以减少用水量，而水泥用量不变，则水灰比减小，强度提高；3）节约水泥。

2.1）不可行。因为增大了水灰比，降低了强度；2）可行；3）不可行。氯化钙是一种早强剂，能加速水泥的凝结硬化，降低流动性；4）可行；5）可行；6）可行。增大粗骨料的最大粒径，其表面积相应减小，水泥浆相对增多，流动性增大。

3.1)保持水灰比不变,增加水泥浆用量;2)这时混凝土拌和物流动性过大,应保持砂率不变,增加砂石用量,或保持水灰比不变,减少水泥浆用量。

4.现场浇灌混凝土时,禁止施工人员随意向混凝土拌和物中加水,因为这样会加大混凝土的水灰比,从而降低混凝土的强度;混凝土成型后应加强浇水养护,因为水是水泥水化反应的必要条件,只有周围环境湿度适当,水泥水化反应才能顺利进行,使混凝土强度得到充分发展,如果湿度不够,水泥水化反应不能正常进行,甚至停止水化,会严重降低混凝土强度。

5.1)可以。增加粗骨料的最大粒径,骨料表面积减小,这时在保持流动性不变的基础上,可以减少用水量,水灰比减小,强度提高;2)可以。采用合理砂率,骨料比较密实,可以提高混凝土的强度;3)不可以。采用较细的砂,不能提高混凝土的强度;4)可以。因为蒸汽养护可以加速水泥的水化反应,提高强度;5)可以。因为加强机械振捣,可以使混凝土密实度提高,提高强度;6)可以。改善砂石的级配,骨料的空隙率减小,混凝土的强度提高;掺加减水剂,在不改变流动性的基础上,可以减少用水量,水灰比减小,强度提高;7)可以。氯化钙是一种早强剂,可以提高混凝土的早期强度。

6.如果混凝土在加荷以前就产生裂缝,裂缝产生的原因有三种:由于水泥水化反应造成的化学收缩;由于周围环境干燥,引起混凝土干燥收缩;由于周围温度变化,引起混凝土的热胀冷缩。

七、计算题

1.解:根据公式$\frac{f_n}{f_{28}}=\frac{\lg n}{\lg 28}$,代入数据,得$\frac{15}{f_{28}}=\frac{\lg 7}{\lg 28}$,解得 $f_{28}=25.7\text{MPa}$

2.解:由题意:

$$\lg n=\lg 28\cdot\frac{f_n}{f_{28}}=\lg 28\times\frac{25\times 80\%}{25}=1.158$$

$$n=10^{1.158}=14.4\text{d}$$

所以,需养护 15d。

3.解:表观密度 $\rho_0=\frac{8.1}{0.15\times 0.15\times 0.15}=2400\text{kg/m}^3$

混凝土空心砌块的质量$=0.39\times 0.19\times 0.19\times(1-38\%)\times 2400=20.95\text{kg}$

4.解:设水泥的质量为 m_c,则砂子的质量为 $2.20m_c$,石子的质量为 $4.40m_c$,水的质量为 $0.60m_c$,代入体积法公式,得:

$$\frac{m_c}{\rho_c}+\frac{m_s}{\rho'_s}+\frac{m_g}{\rho'_g}+\frac{m_w}{\rho'_w}+0.01\alpha=1$$

$$\frac{m_c}{\rho_c}+\frac{2.20m_c}{\rho'_s}+\frac{4.40m_c}{\rho'_g}+\frac{0.60m_c}{\rho_w}+0.01\times 1=1$$

$$\frac{m_c}{3100}+\frac{2.20m_c}{2650}+\frac{4.40m_c}{2650}+\frac{0.60m_c}{1000}+0.01\times 1=1$$

解得：$m_c=290\text{kg}$，则 $m_s=638\text{kg}$，$m_g=1276\text{kg}$，$m_w=174\text{kg}$。

5. 解：因为三个测定值中的最大值和最小值与中间值的差值均未超过中间值的 15%，所以取三个试件抗压强度测定值的算术平均值作为该组试件的抗压强度值。

破坏荷载平均值 $=\frac{304+283+266}{3}=284\text{kN}$

该组混凝土的抗压强度 $f=\frac{F}{A}=\frac{284\times 10^3}{100\times 100}=28.4\text{MPa}$

换算成标准试件的抗压强度 $f=28.4\times 0.95=27.0\text{MPa}$。

6. 解：首先根据混凝土的施工配合比和现场砂、石的含水率，得到设计配合比。

$$m_c=m'_c=336\text{kg}$$

$$m_s=\frac{m'_s}{1+a\%}=\frac{698}{1+3.5\%}=674\text{kg}$$

$$m_g=\frac{m'_g}{1+b\%}=\frac{1260}{1+1\%}=1248\text{kg}$$

$$m_w=m'_w+m_s\cdot a\%+m_g\cdot b\%$$
$$=129+674\times 3.5\%+1248\times 1\%=165\text{kg}$$

设计配合比中水灰比 $\frac{W}{C}=\frac{165}{336}=0.49$

根据混凝土强度计算公式，得到配置强度。

$$f_{cu,0}=\alpha_a\cdot f_{ce}\left(\frac{C}{W}-\alpha_b\right)$$
$$=0.48\times 42.5\times 1.13\times\left(\frac{1}{0.49}-0.33\right)$$
$$=39.44\text{MPa}$$

再根据配置强度计算公式，得到混凝土立方体抗压强度标准值。

$$f_{cu,k}=f_{cu,0}-1.645\sigma$$
$$=39.44-1.645\times 5.0$$
$$=31.2\text{MPa}$$

因为 31.2＞30MPa，所以该混凝土满足 C30 强度等级要求。

7. 解：(1) $f_{cu,0}=f_{cu,k}+1.645\sigma=20+1.645\times 5.5=29.05\text{MPa}$

(2) $f_{cu,0}=f_{cu,k}+1.645\sigma=20+1.645\times3.0=24.94\text{MPa}$

(3)当 $\sigma=5.5$ 时，根据混凝土强度公式，计算水灰比

$$f_{cu,o}=\alpha_a f_{ce}\left(\frac{C}{W}-\alpha_b\right)$$

$$\frac{W}{C}=\frac{\alpha_a f_{ce}}{f_{cu,o}+\alpha_a\alpha_b f_{ce}}=\frac{0.48\times42.5\times1.13}{29.05+0.48\times0.33\times42.5\times1.13}=0.63$$

水泥用量为 180/0.63=286kg

当 $\sigma=3.0$ 时，根据混凝土强度公式，计算水灰比

$$f_{cu,o}=\alpha_a f_{ce}\left(\frac{C}{W}-\alpha_b\right)$$

$$\frac{W}{C}=\frac{\alpha_a f_{ce}}{f_{cu,o}+\alpha_a\alpha_b f_{ce}}$$

$$=\frac{0.48\times42.5\times1.13}{24.94+0.48\times0.33\times42.5\times1.13}=0.71$$

水泥用量为 180/0.71=254kg

所以当 σ 从 5.5MPa 降到 3.0MPa，每立方米混凝土可节约水泥 286－254=32kg。

8.解：

(1)确定配制强度 $f_{cu,o}$

$$f_{cu,o}=f_{cu,k}+1.645\sigma=30+1.645\times5.0=38.22(\text{MPa})$$

(2)确定水灰比(W/C)

水泥的实测强度值

$$f_{ce}=\gamma_c\times f_{ce,g}=1.13\times42.5=48.0\text{MPa}$$

利用强度经验公式计算水灰比：

$$f_{cu,o}=\alpha_a f_{ce}\left(\frac{C}{W}-\alpha_b\right)$$

$$\frac{W}{C}=\frac{\alpha_a f_{ce}}{f_{cu,o}+\alpha_a\alpha_b f_{ce}}=\frac{0.48\times48.0}{38.22+0.48\times0.33\times48.0}=0.50$$

查表《混凝土的最大水灰比和最小水泥用量》，在干燥环境中最大水灰比为 0.65，所以取水灰比为 0.50。

(3)确定用水量(m_{wo})

查表《塑性混凝土的用水量》，按坍落度要求 35～50mm，卵石最大粒径为

40mm，则 $1m^3$ 混凝土的用水量可选用 $m_{wo}=160kg$。

(4)确定水泥用量(m_{co})

$$m_{co}=\frac{m_{wo}}{\left(\frac{W}{C}\right)}=\frac{160}{0.50}=320(kg)$$

查表《混凝土的最大水灰比和最小水泥用量》，最小水泥用量为 $260kg/m^3$，所以 $1m^3$ 混凝土水泥用量选用 $m_{co}=320kg$。

(5)确定砂率(β_s)

由 $W/C=0.50$，卵石最大粒径为40mm，查表《混凝土的砂率》，取合理砂率为 $\beta_s=30\%$。

(6)体积法计算砂石用量(m_{so}，m_{go})

$$\begin{cases}\dfrac{320}{3100}+\dfrac{160}{1000}+\dfrac{m_{s0}}{2630}+\dfrac{m_{go}}{2670}+0.01\times1=1\\[2ex]\dfrac{m_{so}}{m_{so}+m_{go}}=0.30\end{cases}$$

解得：$m_{so}=579kg$，$m_{go}=1352kg$。

初步配合比为 $m_{wo}=160kg$，$m_{co}=320kg$，$m_{so}=579kg$，$m_{go}=1352kg$。

试拌15L混凝土拌合物的各材料用量为：水泥 $160\times0.015=2.4kg$；砂子 $579\times0.015=8.69kg$；石子 $1352\times0.015=20.28kg$；水 $320\times0.015=4.8kg$。

9.解：确定配制强度

$$f_{cu,0}=f_{cu,k}+1.645\sigma=30+1.645\times4.5=37.40MPa$$

利用强度经验公式计算水灰比：

$$f_{cu,o}=\alpha_a f_{ce}\left(\frac{C}{W}-\alpha_b\right)$$

$$37.40=0.46\times f_{ce}\times\left(\frac{1}{0.45}-0.07\right)$$

解得：$f_{ce}=37.78MPa$

考虑水泥强度的富于系数，水泥的强度等级值为 $37.78/1.13=33.43MPa$，所以应选用42.5级的普通水泥。

10.解：(1)设水泥用量为 C，则砂、石、水的用量分别为 $1.98C$、$3.90C$、$0.64C$，因此有：

$$C+1.98C+3.90C+0.64C=2400$$

解得：$C=319kg$　$S=632kg$　$G=1244kg$　$W=204kg$

(2) $f_{cu,o}=\alpha_a \cdot f_{ce}\left(\frac{C}{W}-\alpha_b\right)=0.46\times42.5\times1.13\times\left(\frac{1}{0.64}-0.07\right)$

$=32.97\text{MPa}$

即预计该混凝土28d经度可达到22.0MPa。

第五章 建筑砂浆

一、填空题

1. 胶凝材料;细骨料;掺加料;水
2. 水泥砂浆;石灰砂浆;混合砂浆;砌筑砂浆;抹面砂浆;防水砂浆;特种砂浆
3. 32.5;42.5;4～5
4. 10～30;干缩裂缝等
5. 砌体种类;施工方法;天气情况;大;小
6. 提高粘结性

二、选择题

题号	1	2	3	4	5	6
答案	B	D	B	AC	A	A

三、判断题

题号	1	2	3	4	5
答案	×	√	×	×	√

四、问答题

1. 砌筑砂浆的组成材料主要有胶凝材料、细骨料、水和掺加料及外加剂。

2. 砌筑砂浆的主要性质包括砂浆拌合物的密度、砂浆拌合物的和易性、砂浆的强度和强度等级、砂浆的粘结力及砂浆的耐久性。

3. 砂浆的和易性只包括流动性和保水性,而混凝土的和易性包括流动性、保水性和粘聚性。

4. 砂浆的保水性主要取决于水泥的用量及砂子的粗细。提高水泥用量及选择较细的砂子可以提高砂浆的保水性。

5.普通抹面砂浆主要是要在建筑表面涂抹成均匀的薄层，并且与基底牢固结合，所以它的技术要求包括和易性和与基底材料的粘结力。而砌筑砂浆主要作用是把分散的块状材料胶结成坚固的整体，并把上层块状材料所受的荷载均匀传递到下层，所以它的主要技术要求既包括和易性，又包括强度、粘结力和耐久性。

五、计算题

解：(1)计算试配强度 $f_{m,0}$

$$f_{m,0} = f_2 + 0.645\sigma$$

式中

$$f_2 = 10.0\text{MPa}$$

$$\sigma = 2.50\text{MPa}（查表5-2）$$

$$f_{m,0} = 10.0 + 0.645 \times 2.50 = 11.6\text{MPa}$$

(2)计算水泥用量 Q_C

$$Q_c = \frac{1000(f_{m,0} - \beta)}{\alpha \cdot f_{ce}}$$

式中

$$f_{m,0} = 11.6\text{MPa}$$

$$\alpha = 3.03, \beta = -15.09$$

$$f_{ce} = 32.5\text{MPa}$$

$$Q_c = \frac{1000 \times (11.6 + 15.09)}{3.03 \times 32.5} = 271\text{kg/m}^3$$

(3)计算石灰膏用量 Q_D

$$Q_D = Q_A - Q_C$$

式中

$$Q_A = 350\text{kg/m}^3$$

$$Q_D = 350 - 271 = 79\text{kg/m}^3$$

(4)计算砂子用量 Q_S

$$Q_S = 1400\text{kg/m}^3$$

(5)根据砂浆稠度要求，选择用水量 $Q_W = 240\text{kg/m}^3$

砂浆试配时各材料的用量比例：

水泥：石灰膏：砂＝271：79：1400

＝1：0.29：5.17

第六章 墙体材料

一、填空题

1. MU10;MU15;MU20;MU25;MU30

2. 烧结砖;非烧结砖

3. 吸水率;饱和系数;抗冻性

4. 小型混凝土空心砌块;加气混凝土砌块;粉煤灰砌块

5. 预应力混凝土空心墙板;蒸压加气混凝土墙板;GRC

二、单项选择题

题号	1	2	3	4
答案	B	D	A	D

三、多项选择题

题号	1	2	3	4
答案	AB	ABDE	AD	BC

四、判断题

题号	1	2	3
答案	×	√	×

五、问答题

1. 按火候可分为正火砖、欠火砖和过火砖。

欠火砖色浅、敲击声发哑、吸水率大、强度低、耐久性差;

过火砖色深、敲击声清脆、吸水率小、强度较高,但有弯曲变形。

2. 多孔砖、空心砖与实心砖相比,可使建筑物自重减轻 1/3 左右,节约粘土 20%～30%,节约燃料 10%～20%,且烧成率高,造价降低 20%,施工效率提高 40%,并能改善砖的隔热和隔声性能,在相同的热工性能要求下,用空心砖砌筑的墙体厚度可减薄半砖左右。

六、计算题

解:10 块样砖的抗压强度计算如下表:

编号	1	2	3	4	5	6	7	8	9	10
破坏荷载(kN)	266	235	221	183	238	260	226	280	230	250
抗压强度(MPa)	19.3	17.0	16.0	13.3	17.2	18.8	16.3	20.3	16.7	18.1

抗压强度平均值为:17.3MPa。

该批样砖的单砖抗压强度最小值为 13.3MPa。

该批砖满足国家标准中 MU15 的强度标准,其强度等级为 MU15。

$$\overline{f}=\frac{f_1+f_2+\cdots+f_n}{n}=\frac{19.3+17.0+\cdots+18.1}{10}=17.3(\text{MPa})$$

第七章 钢 材

一、填空题

1. 碳素钢;合金钢
2. 普通钢;优质钢;高级优质钢
3. 结构钢;工具钢;特殊钢
4. 沸腾钢;镇静钢;半镇静钢;特殊镇静钢
5. 力学;工艺
6. 冷弯性能;可焊性
7. 弹性阶段;屈服阶段;强化阶段;颈缩阶段
8. Q;屈服点数值;质量等级符号;脱氧程度符号
9. 光圆钢筋;带肋钢筋
10. A、B;沸腾

二、单项选择题

题号	1	2	3	4	5	6	7
答案	B	C	B	A	C	C	B

三、多项选择题

题号	1	2	3	4	5	6	7
答案	ACD	ABCD	ABCD	ABD	CD	AC	ABCD

四、判断题

题号	1	2	3	4	5	6	7	8	9	10
答案	√	×	×	√	×	√	√	√	√	×

五、问答题

1. 冲击韧性是指钢材抵抗冲击荷载作用而不破坏的能力。以试件冲断时缺口处单位面积上所消耗的功 α_k 表示，α_k 值愈大，钢材的冲击韧性愈好。

2. 钢材的冲击韧性随温度的降低而下降，其规律是开始时下降较平缓，当达到一定温度范围时，冲击韧性会突然下降很多而呈现脆性，这种现象称为钢材的冷脆性。

3. 屈服强度与抗拉强度的比值称屈强比 σ_s/σ_b。屈强比反映钢材的利用率和结构安全可靠程度。屈强比越小，其结构的安全可靠程度越高，但屈强比过小，又说明钢材强度的利用率偏低，造成钢材浪费。

六、计算题

1. 解：$L_0=5d_0=5\times20=100\text{mm}$，

$$\delta_5=\frac{L_1-L_0}{L_0}=\frac{125-100}{100}=25\%$$

2. 解：$\sigma_{s1}=\dfrac{F_{s1}}{A_1}=\dfrac{42.4\times10^3}{3.14\times6^2}=375\text{MPa}$

$$\sigma_{s2}=\frac{F_{s2}}{A_2}=\frac{41.5\times10^3}{3.14\times6^2}=367\text{MPa}$$

所以屈服强度 $\sigma_s=\dfrac{\sigma_{s1}+\sigma_{s2}}{2}=\dfrac{375+367}{2}=371\text{MPa}$

$$\sigma_{b1}=\frac{F_{b1}}{A_1}=\frac{62.0\times10^3}{3.14\times6^2}=548\text{MPa}$$

$$\sigma_{b2}=\frac{F_{b2}}{A_2}=\frac{61.6\times10^3}{3.14\times6^2}=545\text{MPa}$$

所以抗拉强度 $\sigma_b=\frac{\sigma_{b1}+\sigma_{b2}}{2}=\frac{548+545}{2}=546.5MPa$

第一根钢筋伸长率 $\sigma_5=\frac{L_1-L_0}{L_0}=\frac{66-60}{60}\times100\%=10\%$

第二根钢筋伸长率 $\delta_5=\frac{L_1-L_0}{L_0}=\frac{67-60}{60}\times100\%=11.75$

所以，钢筋伸长率 $\delta_5=\frac{10\%+11.7\%}{2}=10.9\%$

答：该钢筋的屈服强度为 371MPa，抗拉强度为 546.5MPa，伸长率为 10.9%。

第八章　防 水 材 料

一、填空题

1. 地沥青；焦油沥青
2. 有机；固体；半固体；液体
3. 道路石油沥青；建筑石油沥青；普通石油沥青
4. 大；小；大；好；低；大
5. 玻纤毡；聚酯毡
6. 耐热度；柔韧性；粘结力；耐热度；S-60；S-65；S-70；S-75；S-80；S-85
7. 油分；树脂；地沥青质
8. 25℃；100g

二、单项选择题

题号	1	2	3	4	5	6	7
答案	B	C	A	C	C	A	B

三、多项选择题

题号	1	2	3	4
答案	ABC	BC	BCD	BD

四、问答题

1. 建筑石油沥青针入度较小（粘性较大）、软化点较高（耐热性较好），但延伸度较小(塑性较小),主要用作制造油纸、油毡、防水涂料和沥青嵌缝膏。它们绝大部分用于屋面及地下防水、沟槽防水、防腐蚀及管道防腐等工程。

道路石油沥青主要用于道路路面或车间地面等工程,一般拌制成沥青混合料(沥青混凝土)或沥青砂浆使用。道路石油沥青还可作密封材料和粘结剂以及沥青涂料等。

普通石油沥青由于含有较多的蜡,故温度敏感性较大,针入度较大(粘性较小)、塑性较差,故在建筑工程上不宜直接使用。可以采用一定的方法改善其性能后再使用。

2.煤沥青的大气稳定性、温度稳定性和塑性较石油沥青差,因此使用在温度变化较大的环境时,没有石油沥青稳定、耐久。煤沥青防腐性较好,适于地下防水层或作防腐材料用。

3.SBS 改性沥青防水卷材:是以 SBS 改性的石油沥青浸渍玻纤毡或聚酯毡的胎基,以细砂或塑料薄膜为防粘隔离层的防水卷材。

APP 改性沥青防水卷材:是以 APP 改性的石油沥青浸渍玻纤毡或聚酯毡的胎基,以细砂或塑料薄膜为防粘隔离层的防水卷材。

SBS 改性沥青防水郑材广泛适用于各类建筑防水、防潮工程,尤其适用于寒冷地区和结构变形频繁的建筑物防水。其中,35 号及其以下品种用作多层防水;35 号以上的品种可作用单层防水或多层防水的面层。

APP 改性沥青防水卷材广泛适用于各类建筑防水、防潮工程,尤其适用于高温或有强烈太阳辐照地区的建筑物防水。其中,35 号及其以下品种用作多层防水;35 号以上的品种可用作单层防水或多层防水层的面层,并可采用热熔法施工。

4.冷底子油是用建筑石油沥青加入汽油、煤油、轻柴油,或者用软化点为 50～70℃的煤沥青加入苯,溶合而配制成的沥青溶液。

冷底子油粘度小,能渗入到混凝土、砂浆、木材等材料的毛细孔隙中,等溶剂挥发后,便与基面牢固结合,使基面具有一定的憎水性,为粘结同类防水材料创造了有利条件。若在这种冷底子油层上面铺热沥青胶粘贴卷材时,可使防水层与基层粘贴牢固。多在常温下用于防水工程的底层。

第九章 合成高分子材料

一、填空题

1.耐腐蚀;聚四氟乙烯

2.热固性塑料

3.合成树脂;合成橡胶;合成纤维;合成树脂

4.有机填充料;无机填充料

5.粘料;固化剂;填料;稀释剂

二、单项选择题

题号	1	2	3	4	5
答案	C	A	C	B	B

三、判断题

题号	1	2	3	4	5
答案	×	√	√	√	×

四、问答题

1.按聚合反应方式的不同,分为加聚反应和缩聚反应两类。

加聚反应是单体加成而聚合起来的反应称为加聚反应,反应产物称为加聚物。

缩聚反应是由多官能团单体通过缩合而消去小分子形成聚合物的反应,兼有缩合出低分子和聚合成高分子的双重含义,反应产物称为缩聚物。

2.塑料的组成有合成树脂,填充料,增塑剂,稳定剂,固化剂,着色剂等。

固化剂又称硬化剂,其主要作用是使线型高聚物交联成体型高聚物,使树脂具有热固性。常用的固化剂有:六亚甲基四胺(乌洛托品),胺类(乙二胺、间苯二胺)、酸酐类(邻苯二甲酸酐、顺丁烯二酸酐)及高分子类(聚酰胺树脂)。

3.1)热塑性塑料可以采用浇铸法,将熔融的塑料注入冷模中成型,或是采用压挤法,将软化后的塑料,从定型的金属孔中,挤成连续性的管子或拉成细丝,冷却后方能保持形状不变。常用的热塑性塑料有聚乙烯、聚丙烯、聚氯乙烯、聚苯乙烯等。

2)热固性塑料可以采用热压法进行加工,亦即将塑料加热至软化,量于模型中加以一定压力使之成型,并使模型中的塑料受热、硬化,这样不待冷却,从模型中即可取得固定形状的成品。常用的热固性塑料有酚醛塑料、有机硅树脂和环氧树脂等。

4. 为发挥胶粘剂作用，其必须具备以下基本条件：具有浸润被粘结物表面的浸润性和流动性；不因温度及环境条件作用而迅速老化；便于调节硬化速度和粘结性；膨胀及收缩值较小；粘结强度较大。

第十章　建筑功能材料

一、单项选择题

题号	1	2	3
答案	C	C	B

二、判断题

题号	1	2	3	4	5	6	7
答案	√	√	√	×	×	√	√

三、问答题

1. 建筑装饰材料按使用部分分为：内、外墙面装饰材料、地面装饰材料、顶棚装饰材料、柱面装饰材料等。

2. 饰面陶瓷砖有以下几种：

1)外墙面砖：质感、颜色、多样，具有强度高、防潮、抗冻、耐用、不易污染和装饰效果好的特点。主要用于建筑的外墙装饰。

2)内墙面砖：色泽柔和典雅、朴实大方、热稳定性好、防潮、防火、耐酸碱、表面光滑、易清洗。主要用于厨房、卫生间、浴室、实验室、医院等室内墙面、台面等。

3)墙地砖：颜色繁多、表面质感多样、强度高、耐磨、化学稳定性好、易清洗、吸水率低、耐久性好等。适用于室内、外地面、台面、踏步、广场等公共场所的地面铺贴。

4)陶瓷锦砖：质地坚实、经久耐用、色泽图案多样、不渗、不滑、易清洗。主要用于室内地面装饰，如浴室、厨房等地面；也可用作内、外墙饰。

3. 建筑玻璃品种主要有：普通平板玻璃、彩色平板玻璃、磨砂玻璃、花纹玻璃、钢化玻璃、夹层玻璃、夹丝玻璃、镀膜玻璃、中空玻璃等。

第十一章　木材及其制品

一、填空题

1. 软;硬
2. 春材;夏材
3. 裂缝
4. 吸附水;纤维饱和点
5. 持久强度
6. 吸附水
7. 纵;弦

二、单项选择题

题号	1	2	3	4	5	6	7
答案	A	C	A	A	C	C	B

三、多项选择题

题号	1	2	3
答案	AC	ABCD	ABCDE

四、判断题

题号	1	2	3	4	5	6
答案	√	×	√	×	×	×

五、问答题

1. 木材的顺纹抗拉强度是木材各种力学强度中最高的。一般能达到顺纹抗压强度的2～3倍。但强度值波动范围大。木材的疵病如木节、斜纹、裂缝等都会使顺纹抗拉强度显著降低。同时,木材受拉杆件连接处应力复杂,施工难度较大。故在实际工程当中上很少用作受拉构件。

2. 木材在使用环境下的平衡含水率往往高于其纤维饱和点,而新伐木材的含水率则高于其纤维饱和点。若在使用前不进行干燥，在使用环境中木材会因为失水导致干缩变形，甚至出现裂缝。如果提前干燥，可待木材的变形完全释放后再进行使用，同时弃用产生裂缝的部位，可避免因木材的干缩变形给使用带来的不便。

3. 真菌在木材中的生存和繁殖，须同时具备三个条件，即要有适当的水分、空气和温度。但木材的含水率在35%～50%，温度在25～30℃，木材中又存在一定量空气时，最适宜腐朽真菌繁殖，木材最易腐朽。木材完全浸入水中，因缺空气而不易腐朽；木材完全干燥，亦因缺水分而不易腐朽。相反，在干湿交替的环境中，同时满足了腐朽真菌繁殖的三个条件，木材也就很快腐朽了。

4. 含水率为纤维饱和点的木材干缩率大。首先，两块木材的干缩变形相同。因为两块木材属同一树种，说明当含水率在纤维饱和点以下变化时其胀缩率应该相等。则在含水率由纤维饱和点降至目标含水率的过程中，两块木材产生的干缩变形必定相同。其次，两块木材的含水率同时降至目标含水率的过程中，含水率变化值(降低值)的大小关系为前者小于后者。

也就是说，在发生相同变形的时候，前者的含水率变化较小，因此其干缩率较大。

模拟考试一答案

一、填空题

1. 饱水;强度
2. 骨架;润滑;胶结
3. 7.07;标准;28
4. 颗粒级配;粗细程度
5. 缓凝;安定性不良
6. 低碳钢、中碳钢、高碳钢、低碳钢
7. 合理;流动性
8. 细胞壁;细胞间隙
9. 纵向;弦向
10. 针入度;延度;软化点

二、单项选择题

题号	1	2	3	4	5	6	7	8	9	10
答案	B	C	A	A	B	C	C	B	A	B

三、多项选择题

题号	1	2	3	4	5	6	7	8	9	10
答案	AB	AD	ABD	BD	ABCD	BD	AB	ABC	CD	ABCD

四、判断题

题号	1	2	3	4	5	6	7	8	9	10
答案	×	√	√	×	×	√	×	×	√	×

五、问答题

1. 由甲厂硅酸盐水泥熟料配制的硅酸盐水泥的强度发展速度、水化热、28d时的强度均高于由乙厂硅酸盐水泥熟料配制的硅酸盐水泥，但耐腐蚀性则低于由乙厂硅酸盐水泥熟料配制的硅酸盐水泥。

2. 从有利于完成工期的角度来看，42.5级硅酸盐水泥更为有利。

3. 取相同质量的三种粉末，分别加入适量的水拌合为同一稠度的浆体。放热量最大且有大量水蒸气产生的为生石灰粉；在5～30min内凝结硬化并具有一定强度的为建筑石膏；在45min到12h内凝结硬化的为白色水泥。

六、计算题

1. 解：

筛孔尺寸(mm)	4.75	2.36	1.18	0.6	0.3	0.15	<0.15
筛余量(g)	8	82	70	98	124	106	14
分计筛余(%)	1.6	16.4	14	19.6	24.8	21.2	2.8
累计筛余(%)	1.6	18	32	51.6	76.4	97.6	100

$M_X = (18+32+51.6+76.4+97.6-5\times1.6)/(100-1.6)$

$= 2.71$

该砂 M_X 在3.0—2.3之间，属于中砂。

2. 解：设需95℃的沥青Y%

95Y%+25(1−Y%)=75

Y%=50/70=71.4%

所以需95℃的石油沥青71.4%和25℃的两种石油沥青28.6%。

模拟试题二

一、填充题

1.密实;自然

2.吸水率;含水率

3.软化;大

4.硅酸盐

5.$C_3S_2H_3$　C_3AH_6　CH　CFH

6.增大;增大

7.热塑性塑料;热固性塑料

8.水泥强度;水灰比

9.材料抵抗 0.8MPa 压力水

10.弹性阶段;屈服阶段;强化阶段;颈缩阶段

二、单项选择题

题号	1	2	3	4	5	6	7	8	9	10	11	12
答案	A	A	B	C	B	C	B	B	A	A	A	B

三、多项选择题

题号	1	2	3	4	5	6	7	8	9	10
答案	AB	ABC	AC	BD	ABCD	ACD	ABCD	AD	ABCD	CD

四、判断题

题号	1	2	3	4	5	6	7	8	9	10
答案	√	×	×	×	√	×	√	√	√	√

五、问答题

1. 硫酸盐对水泥石的腐蚀作用，是指水或环境中的硫酸盐与水泥石中水泥水化生成的氢氧化钙 $Ca(OH)_2$、水化铝酸钙 C_3AH_6 反应，生成水化硫铝酸钙（钙矾石 $C_3AS_3H_{31}$），产生1.5倍的体积膨胀。由于这一反应是在变形能力很小的水泥石内产生的，因而造成水泥石破坏，对水泥石具有腐蚀作用。

2. 1)大体积混凝土：选用缓凝剂，可减缓水泥水化放热，利于降低混凝土的内外温差和温度应力。

2)高强度混凝土：选用高效减水剂，在保持流动性和水泥用量不变条件下，可显著降低用水量，降低水灰比，提高强度效果显著。

3)C35泵送混凝土：选用泵送剂或M剂。可在提高混凝土流动性的同时，改善混凝土的粘聚性和保水性，并有缓凝效果，可减小混凝土的坍落度损失。

4)混凝土预制构件：选用早强剂。可提高早期强度，提高生产效率。

5)抢修及喷锚支护的混凝土：选用速凝剂。可使混凝土在几分钟内快速凝结，1h即可达到一定强度.

6)有抗冻要求的混凝土：选用引气剂。可在混凝土内引入大量独立均匀分布的微小气泡，阻断毛细孔渗水通道，降低混凝土的吸水率，显著提高混凝土的抗冻性。

3. Q235-AF：质量等级为A级，脱氧程度为沸腾钢。

Q235-D：质量等级为D级，脱氧程度为特殊镇静钢。

性能：Q235-AF的硫磷含量高，成分偏析严重，塑性和韧性差，可焊性差；
Q235-D的质量好，塑性和韧性，尤其是低温下的韧性好，可焊性好。

应用：Q235-AF只能用于一般静载钢构。
Q235-D则可用于低温下承受动载的重要焊接钢结构。

六、计算题

1. 解：石子的孔隙率 P 为：

$$P=\frac{V_0-V}{V_0}\times 100\%=1-\frac{\rho_0}{\rho}=1-\frac{2.61}{2.65}=1.51\%$$

石子的空隙率 P_s 为：

$$P'=\frac{V'_0-V_0}{V'}\times 100\%=1-\frac{V_0}{V'}=1-\frac{\rho'}{\rho_0}=1-\frac{1.68}{2.61}=35.63\%$$

2.

筛孔尺寸(mm)	4.75	2.36	1.18	0.6	0.3	0.15	<0.15
筛余量(g)	20	10	110	190	110	45	15
分计筛余(%)	4	2	22	38	22	9	3
累计筛余(%)	4	6	28	66	88	97	100

$$M_X = (6+28+66+88+97-5\times 4)/(100-4)$$
$$=2.76$$

参考文献

[1] 潘全祥.试验员.北京:中国建筑工业出版社,2005.

[2] 党满良.建筑工程资料收集整理与编辑实务.北京:中国环境科学出版社,2006.

[3] 湖南大学,天津大学,同济大学,东南大学.土木工程材料.第1版.北京:中国建筑工业出版社,2004.

[4] 高琼英.建筑材料.武汉:武汉理工大学出版社,2002.

[5] 陈雁,蔡学礼.材料员.北京:机械工业出版社,2002.

[6] 北京土木建筑学会.建筑材料试验手册.北京:冶金工业出版社,2006.

[7] 杜晓玲,曾铭.2006年全国造价工程师执业资格考试模拟题库精解.北京:中国计划出版社,2006.

[8] 全国一级建造师执业资格考试用书编写委员会.全国一级建造师执业资格考试辅导用书-房屋建筑工程管理与实务习题集.北京:中国建筑工业出版社,2006.